こんがり、焼き菓子

こんがり、焼き菓子

こんがり、焼き菓子

こんがり、焼き菓子

家用烤箱OK！

手作簡單經典の
50款輕食烤點心

初學者一作上手

上田 悦子◎著

CONTENTS

Pound cakes

以一個調理盆混合攪拌
只需要烘烤即可完成的磅蛋糕

Cookies

不需要模型——
輕鬆製作餅乾的三種方法

Scones & Pancakes

若要製作簡單的點心
非司康&鬆餅莫屬！

Chocolate cakes

以巧克力製作的點心——
絕對不會失敗！

Tarts

不需要裝飾即可完成的——
輕鬆完成的塔類點心

製作點心之前

◆計量
1大匙為15mℓ（cc）、1小匙為5mℓ（cc）。
以g標記的品項，請確實地量秤。
◆材料
奶油使用無鹽奶油，蛋使用M尺寸。
◆烤箱
原則上，全部的點心皆以中火烘烤。但不論是加熱溫度、加熱時間，或烘烤完成的狀態，根據機種不同，會產生微妙的差異。請根據您所使用的烤箱，一邊觀察點心的狀態一邊作調整。
◆微波爐
微波爐的加熱時間以500W的款式為基準。若是400W為1.2倍，600W則為0.8倍，請以此為標準進行換算。

製作烘焙點心的感想記錄&照片

食譜中有預留完成狀態（☆的數量）、家人的反應或手作感想的空白區域，可於此處留下紀錄。

試著作作看！　　年　月　日

☆☆☆

必要的用具

若要製作書中介紹的甜點，我認為不需要使用專業的用具。一開始，請先試著活用廚房內現成的用具，之後若對烘焙產生興趣，再慢慢地添購專業用具也不遲。

擀麵棍

將餅乾麵團擀平延展之用，請選擇35cm至40cm左右的長度。使用過後，若長時間沾水，請儘早擦拭乾燥。

調理盆

調理盆最少要準備三個，若有直徑20cm、22cm、26cm三種為佳。不鏽鋼製的款式既輕量又能耐熱和酸，材質非常堅固，請選擇標示18-8具有優良品質保證的款式。若能準備深淺各一的調理盆，使用時會更方便。深型調理盆適合用來攪拌奶油，以打蛋器可以完全伸入的款式為佳。淺型調理盆則適合用來混合麵團，請選擇手臂方便伸入的款式。若使用準備附有蛋液注入口的小調理盆，於打散蛋液分次加入麵團時，會更加便利。

Baking Utensils

擀麵板

放置麵團的木板，選用非專業點心板也OK。居家量販店販售的壓合板，既便宜又方便。建議選用厚度1cm左右，30×35cm以上的尺寸。

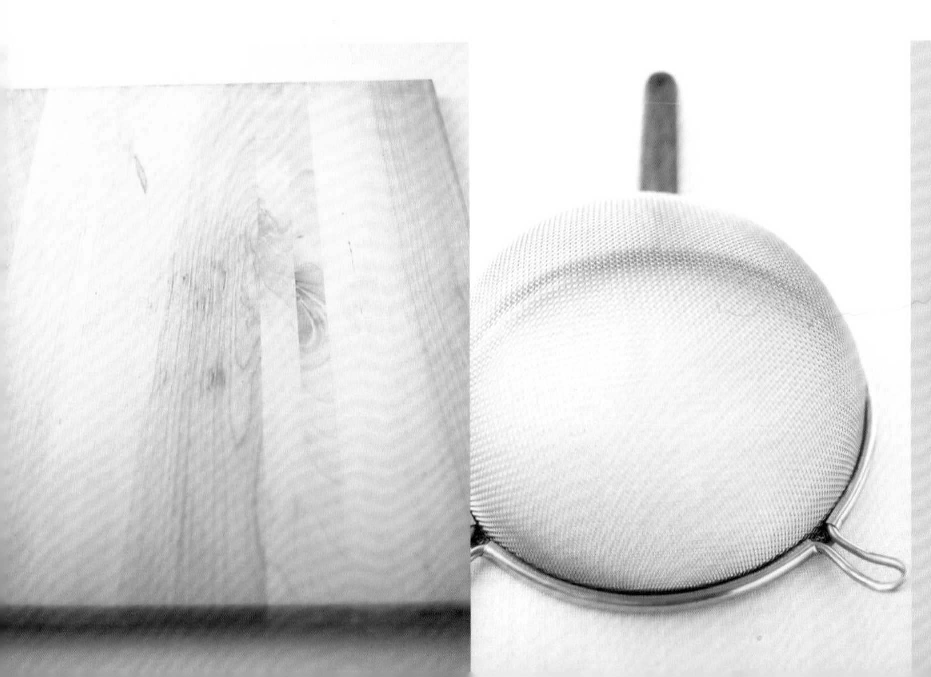

篩網

即使沒有準備點心專用的款式，超市販售的萬用篩網也很實用。請準備兩個網目粗細不同的種類，以便區分粉類或砂糖使用。

計量匙・計量杯

計量匙分別準備大匙（15mℓ）和小匙（5mℓ），測量時要記得讓表面保持平整。計量杯請準備200mℓ可以看清楚內容物的透明款，盡量選擇細長狀的款式。

橡皮刮刀・木製刮刀

橡皮刮刀以高耐熱力的橡膠製作而成，建議使用沒有接縫、一體成型的款式，以防止材料殘留在縫隙，也比較衛生。由於木製刮刀比較容易殘留氣味，請準備製作點心專用的刮刀。

打蛋器・電動攪拌器

打蛋器的款式眾多，鐵絲數量多的款式適合用來打發蛋白和鮮奶油，鐵絲數量少的款式則適合用來攪拌奶油麵糊，選用與調理盆直徑相等的打蛋器最為理想。近期有許多價格低廉的電動攪拌器上市，選擇不鏽鋼製的攪拌頭較不容易毀損。若是使用不鏽鋼以外的金屬攪拌頭，和調理盆接觸時容易掉落金屬碎屑，使鮮奶油變成灰色。功率較高的款式（以80W與75W相較），可以更快將材料打發。

電子秤

製作點心時，份量的計量非常重要，建議使用可以測量出1g的電子款式（以1kg為上限）。扣除調理盆的重量後再進行量測，可以得到準確的數字。連非常細微的重量也能量測是它的優勢所在。

磅蛋糕烤模 →P.10

具有馬口鐵、不鏽鋼、樹脂加工等款式，尺寸也各有不同。若選用尺寸較大的款式，烘烤的時間就會較長。本書選用的烤模為7×7×17cm（內部尺寸）馬口鐵製的款式。選擇這個尺寸的烤模，不僅可以縮短烘烤的時間，也有利於分切成八塊左右的蛋糕。由於馬口鐵很便宜，特別推薦初學者使用。因其材質容易生鏽，在清洗過之後，記得要將水分完全擦乾，或放入使用過後的烤箱，利用餘溫使其乾燥。

塔皮烤模 →P.80

具有馬口鐵和不鏽鋼等款式，尺寸則以直徑8cm至30cm左右為限。本書中選用的是直徑15cm和18cm的馬口鐵製款式。這個尺寸大約是五人份至六人份，最適合用來製作禮物蛋糕。由於馬口鐵受熱完整，將材料倒入之前，可以先在內部抹上一層油，之後蛋糕脫模時會比較順利。使用完畢後，以熱水清洗烤模即可，不需要另外添加清潔劑。

烘焙點心的小訣竅

磅蛋糕 & 塔類點心

過篩粉類

將磅蛋糕需要的麵粉和泡打粉，混合在一起後過篩備用。若之後才添加泡打粉，容易造成麵團膨脹時出現不均勻的情況。

奶油的事前準備

充分攪拌奶油型的磅蛋糕或塔皮的麵團，事先要將奶油從冰箱取出，回復至室溫後備用。以手指試著按壓時，若能輕鬆地產生凹陷，即可使用。

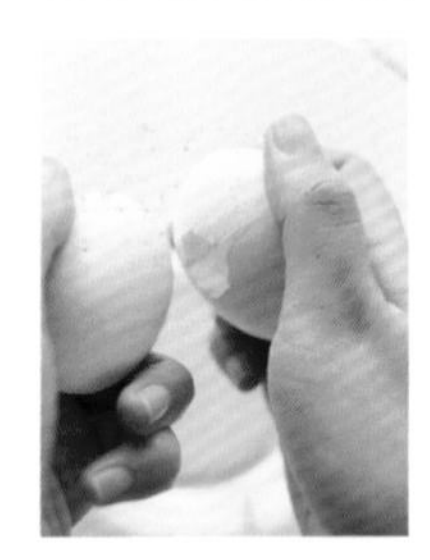

打蛋

將蛋從冰箱取出，回復至室溫後備用。以調理盆的邊緣敲開蛋時，很容易造成細碎的蛋殼掉入碗中，因此請務必在平坦的地方敲破蛋。若有兩顆蛋，可以採取兩者互敲的方式，只需要確實將其中一顆敲破即可，使用上相當方便。

過篩砂糖

上白糖、三溫糖、黑糖、紅糖都會結塊，因此請過篩後再使用。白砂糖、黑糖或紅糖過篩後，若有殘留的硬塊，可先以手壓碎再進行二次過篩。但若是三溫糖的硬塊，直接去除即可。倘若將白砂糖和麵粉混合之後再一起過篩，就不需要進行二次過篩。

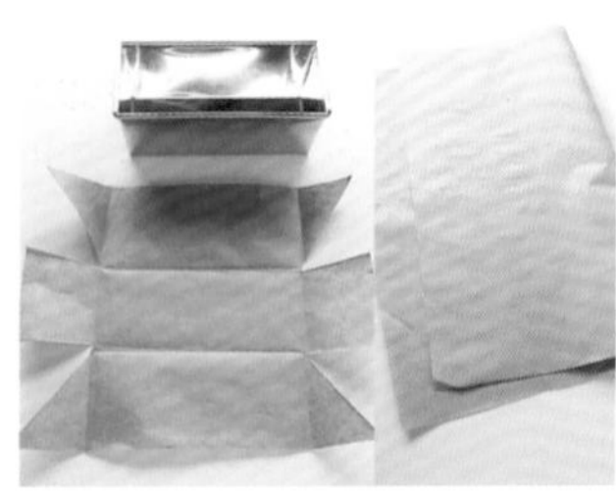

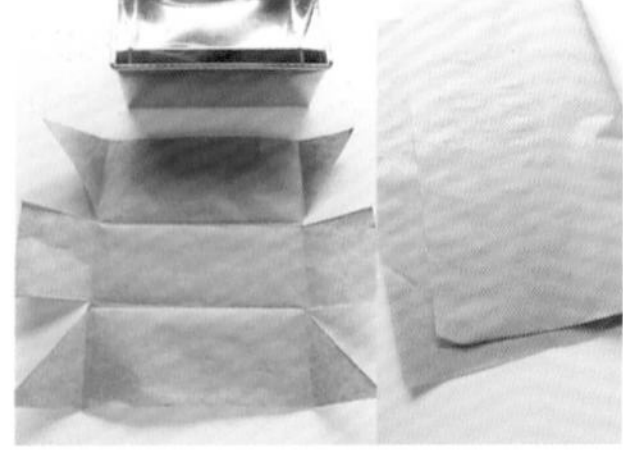

烤模使用的烘焙紙

鋪在磅蛋糕烤模的烘焙紙，建議選用薄的手工藝紙。太厚的紙不容易摺疊，因此請選擇薄一點的款式。一般生活雜貨店或文具店等都可以購買，請根據烤模尺寸確實地裁切，再鋪進烤模裡。

×

攪拌麵糊

將打散的蛋液分次加入磅蛋糕的麵糊時，第一次加入的蛋液請確實地攪拌均勻，之後再加入第二次的蛋液。若是沒有充分攪拌均勻就加入第二次的蛋液，如圖（失敗例子）所示，麵糊會產生分離的狀況。倘若開始產生分離的情況，請充分攪拌麵糊，並儘早加入麵粉攪拌。

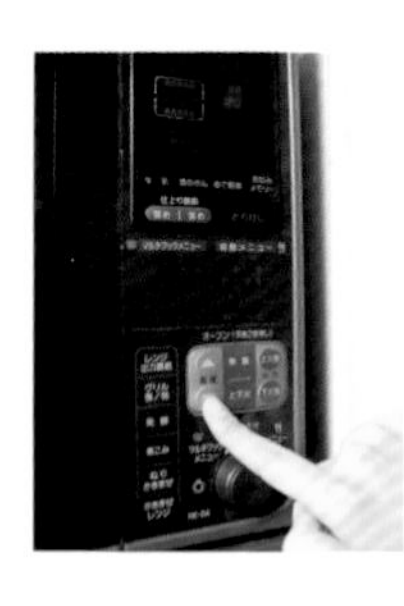

小烤箱

若使用的是小烤箱，由於烘烤空間狹小，只要一打開烤箱，溫度就會下降。因此預熱時，請設定比食譜所標示的溫度高出20°C左右，放入麵團後，再調降成標示的溫度烘烤即可。

烘烤完成確認

想要確認磅蛋糕是否烘烤完成，可試著以竹籤刺入，只要沒有沾黏麵糊即可。若要避免分切蛋糕時產生直向的紋路，請記得將竹籤斜斜地刺入蛋糕中間，如此分切蛋糕時就不容易產生細小的空洞。

製造濕潤的口感

磅蛋糕烘烤完畢後，等溫度降低就能放入塑膠袋中，藉此製造濕潤的口感。由於殘留的蒸氣會在袋中流動，因此放入塑膠袋可以防止蛋糕變得乾燥。請記得要確實將袋子密封。

塔皮重石

雖然市面上有賣塔皮專用的重石，但是價格很高，因此我選擇以乾燥過後的紅豆取代。即使是烘焙教室也採用這種作法，不僅因為紅豆價格便宜，也是因為使用期限較長，比較方便。烤到豆子表皮出現剝落的情況時，請替換成新的紅豆。只要在塔皮上放置重石，麵團就不會從烤模的邊緣塌陷，因此要將重石鋪到與烤模同高，這點非常重要。

取下烤模

塔類點心烘烤完成後，請直接靜置冷卻，再取下烤模。不好脫模時，請再次連著烤模放入烤箱加熱，會比較容易脫模。放入烤箱，以170°C烘烤5分鐘至10分鐘，加熱至無法手拿的程度為基準。塔皮麵團的烘烤程度不足時，也不容易取下烤模。

材料的保存

全麥麵粉或高筋麵粉這類蛋白質含量高的粉類容易變質，而無鹽奶油也容易酸化，因此想要長期保存食材，就必須放入冷凍庫內。低筋麵粉則是只要密封完整即可置於室溫中短期保存，不過若要長期保存，仍是需要放入冷藏庫或冷凍庫中。

只要掌握書裡介紹的小訣竅，就可以作出不會失敗又美味的點心。一直以來，在烘焙教室內也都是傳授這些重點，很多學生藉著這些「提醒」更能掌握製作的祕訣。請試著收集更多「初學者必學！」的小訣竅吧！

餅乾

奶油的事前準備

使用充分攪拌奶油型的麵團時，要先將奶油回復至室溫，再將奶油揉入麵粉中。此處所使用的切塊奶油，在使用之前要先放入冰箱冷藏，盡可能保持冰涼的狀態，較不容易導致麵團製作失敗。

搓揉奶油

將奶油添加在麵粉中搓揉成麵團時，趁著手的溫度不高，儘早作業為鐵則。手的溫度因人而異，也有體溫比較高的人。若你是屬於這樣的人，可使用叉子或刀子取代手，將奶油和麵粉切拌成麵包粉的狀態即可。若有食物調理機，直接使用攪拌刀片會更為快速方便。

根據麵粉的顏色確認

將奶油搓揉進麵粉時，當麵粉的顏色變成奶油色後，就要特別留意。若成為像帕馬森起司的模樣（圖中為失敗例子），則表示奶油開始融化。請馬上放入冰箱冷藏，等完全冷卻之後，再開始製作。

攪拌麵糊

使用充分攪拌奶油型的麵糊時，在加入砂糖後，就不要過度攪拌。若是磅蛋糕的麵糊，請攪拌至顏色淡化、軟化的狀態為止。餅乾的麵團則在呈現這種狀態之前即OK。請將麵糊保持斜斜地攪拌，避免空氣進入。

擀麵團

擀餅乾麵團時，麵團容易黏在擀麵板上，因此將麵團夾在兩層保鮮膜之間，再以擀麵棍擀平會比較輕鬆。雖然以撲粉取代保鮮膜也可以，但是粉會撒得到處都是，所以建議使用保鮮膜。塔皮麵團也以相同的方法處理。

撲粉・手粉

撲粉或手粉主要使用高筋麵粉，比低筋麵粉的粒子粗一點，因此不容易黏在麵團上成為粉塊。此外，重點在於不論是使用哪一種麵粉，都請盡可能使用最低限度的份量。若是無法區分高筋麵粉或低筋麵粉時，可試著抓捏麵粉，較澎鬆、容易塌陷的為高筋麵粉（如右圖），成塊的則為低筋麵粉。

麵團的冷凍

餅乾或塔皮的麵團，全部都可以冷凍保存約一個月左右。以保鮮膜確實地包裹，再放入密封袋內冷凍即可。使用前先放入冷藏庫中，等待自然解凍後再烘烤。但若是冰盒型的麵團，請先將麵團半解凍至可以切的軟化程度。

烤箱的習性

每一台烤箱都有其習性，不僅烘烤的時間有微妙的差異，烘烤後的狀態也各有不同。以食譜標示的溫度和烘烤時間，試著製作點心時，即使不太成功也不用氣餒。大約製作三次之後，就可以掌握烤箱的習性。再根據自己使用的烤箱，調整溫度或烘烤的時間。

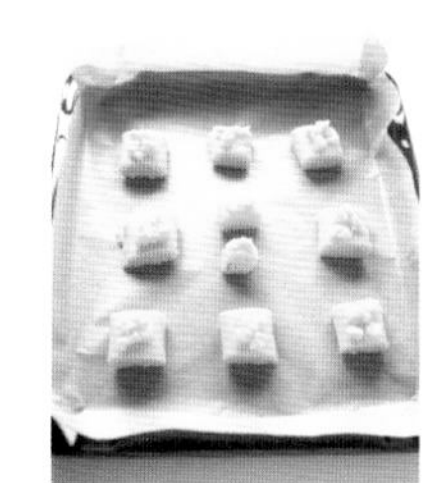

烤盤上的溫度有所差異

將餅乾排列在烤盤上時，烤箱的火源從外側進入。因此若有小尺寸的餅乾，可放在烤盤中間，較不容易烤焦。本書所使用的烤盤內緣尺寸為27×30cm式。

重疊烤盤

烘烤比較厚的麵團時，熱度比較難到達麵團中心。此時若將兩個烤盤重疊，調降烤箱的溫度設定，底部就不容易烤焦，熱度也會慢慢地傳到中間。如圖所示，若麵團的上面還沒有烘烤成形，底部卻已經產生焦化，這種時候也可以採取這個作法。

烘烤完成之後冷卻

餅乾烘烤完成後，直接放在烤盤上靜置冷卻即可。如此一來，餘溫會傳到麵團的中心，使餅乾完全乾燥，還可以享受到酥脆的口感。

保存的注意事項

烘焙教室裡的學生們發現，若將潮濕的餅乾或蛋糕和酥脆乾燥的餅乾一起放入袋子中，會導致乾燥的餅乾濕化。因此，請將濕化的餅乾或蛋糕放入保存容器中，而乾燥的餅乾則放入密封袋內，兩者務必要分開保存。

基本&享受風味的材料

除了必備的基本材料之外，為了享受不同的風味，本書中也有介紹其他的材料，可以當作在購買材料時參考。

蛋

盡可能選擇新鮮的蛋，並記得要在使用之前先放置於室溫中，避免溫度過低。
敲破蛋殼後只要經過一段時間，蛋黃表面的膜就會張開形成結塊，所以必須等到使用前再敲破。另外，本書中使用的蛋以M尺寸為基準，一顆蛋的實際重量約為50g，蛋黃約為20g，蛋白則約為30g。若是記住蛋的重量，製作點心時會更便利。但使用的蛋數量較多時，重量上就容易產生誤差，這時請務必以電子秤計量。

麵粉

以小麥粉而言，可由筋性強度區分為高筋麵粉及低筋麵粉兩類。本書中主要以低筋麵粉製作點心，而高筋麵粉則用來作為撲粉或手粉。由於麵粉決定烘焙點心的味道，因此麵粉的品質相當重要，選擇價格稍微高一點、品質比較好的麵粉是美味的關鍵。因為是用來製作點心，可以選擇接近製造日期的低筋麵粉，不過為了防止濕氣讓麵粉變質，請記得要密封保存。

Basic Ingredient

奶油

奶油分成「有鹽」和「無鹽」兩種，製作點心時請選擇無鹽的奶油。對於需要使用大量奶油製作的點心而言，若以含鹽奶油製作，容易導致鹽分過高，破壞好不容易作好的點心風味。但無鹽奶油特別容易酸化，需要以保鮮膜包裹剩下的奶油，放入密封袋中，以冷凍庫保存為佳。

砂糖

最近，砂糖的種類也益發豐富，基本上選用砂糖和上白糖兩種。使用砂糖，可以讓烘焙後的口感呈現酥脆的狀態；使用上白糖，則可以獲得濕潤的口感。由於上白糖的水分較多，所以烘烤後蛋糕會顯得比較濕潤，正因如此，上白糖很容易結塊，使用前須先以萬用篩進行過篩。為了享受各式各樣的砂糖風味，請參閱右頁。

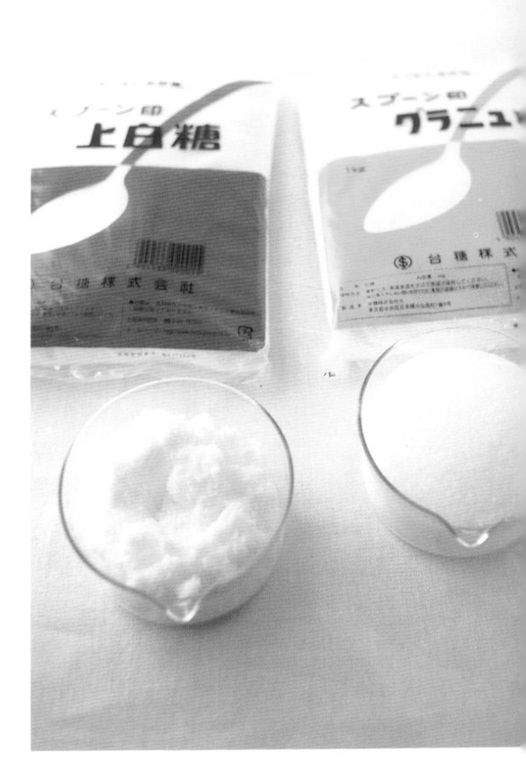

泡打粉

↓為了讓蛋糕或餅乾膨脹而使用。請盡可能選擇製造日期較新的產品，並儘早使用完畢。放入密閉容器，以室溫保存即可。小包裝的款式相當方便。

牛奶・鮮奶油

←牛奶使用的是無調整的產品，鮮奶油請選擇脂肪成分約35%至48%的產品，但植物性脂肪的產品不適用於此限制。由於鮮奶油很容易分離，在使用之前，請放在冰箱冷藏備用。

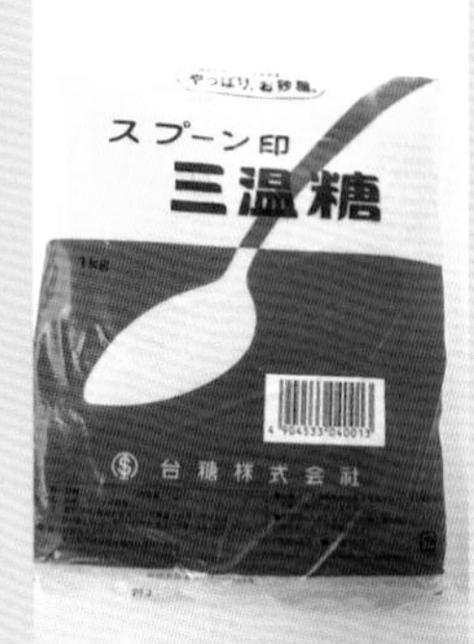

三溫糖

←口味豐富、具有厚度的砂糖。與一般砂糖相比，因為沒有經過精製，水分比較多，用來製作磅蛋糕時，蛋糕會比較濕潤。具有吸濕性，一定要以密閉容器保存。

點心專用巧克力

→當食譜上寫著「點心專用巧克力」時，請一定要使用點心專用的產品。雖然種類繁多，但本書中使用的是帶有甜味或半甜味的巧克力。

紅糖

→與三溫糖相同，屬於低精製的砂糖，但含水量較少，使用時較為方便。由於沒有黑糖的強烈甜度，適合製作各種點心，可以為麵團增加甜度和厚度。平時以常溫保存即可。

Other Ingredient

黑糖

→直接將甘蔗絞碎烹煮而成的糖類，具有獨特的風味，礦物質豐富。請選擇純度較高的黑糖粉末。由於甜度較厚重，請不要使用過量，並一定要以密閉容器保存。

玉米澱粉

→玉米的澱粉。若要使杏仁奶油餡增加黏性，可少量地添加。也可以取代小麥粉添加到麵團中。請放入密閉容器，以室溫保存。

玉米粉

↓將玉米磨成粉狀，由於粒子比較粗，製作出的點心會有顆粒的口感。可以從中享受玉米特有的甜味和質樸的香氣。

燕麥

←以燕麥加工的麥片，富含膳食纖維和礦物質。使用前若先浸泡在水裡，可使麵團變得濕潤；若在乾燥的狀態下使用，麵團則會有酥脆的質感。開封後，請以密閉容器保存在陰暗涼爽之處。

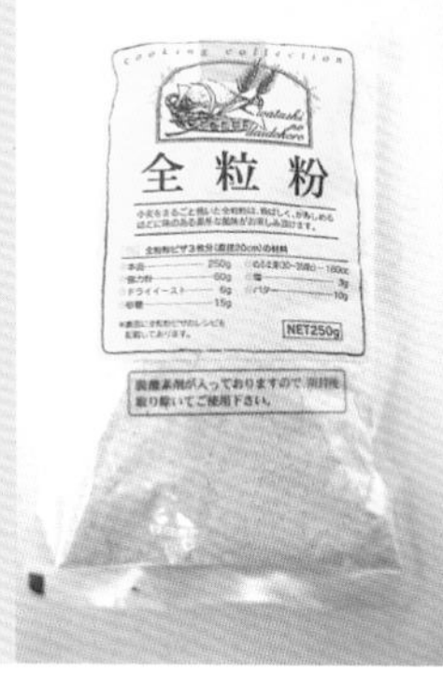

全麥麵粉

←直接將小麥粉的顆粒碾碎成粉末，也被稱為粗全麥粉。由於膳食纖維很多，被視為健康型麵粉，非常受到眾人歡迎，放入點心裡可以增添獨特的香氣。請保存在冰箱的冷藏庫中。

以 一個調理盆混合攪拌

只需要烘烤
即可完成的磅蛋糕

Pound cakes

在英國被稱為Pound Cake，在法國則稱為Quatre-Quarts，是一款可以輕鬆製作的奶油蛋糕。英語名稱的緣由來自於材料中的麵粉、蛋、砂糖、奶油皆使用「1磅」製作；法語名稱則意味著「四種材料各占1/4」，也就是表示四種材料皆使用相同的份量。由於只需要將相同份量的材料混合攪拌後再烘烤，是非常適合在家裡製作的簡易點心。此外，蛋糕體還可以成為各種點心的基底，若能熟練地製作這款蛋糕，就能進階作出更多不同的點心。在此分別介紹「使用融化奶油的快速款」及「充分攪拌奶油的基本款」兩種麵團。若以「使用融化奶油」的麵團製作蛋糕，即使是瑪德蓮也能輕鬆上手。對於初學者而言，奶油的處理方法不僅很簡單，也不容易失敗，是極為推薦的作法。

若你已具有點心製作基礎，則可以選擇「充分攪拌奶油」的麵團製作蛋糕。將奶油充分攪拌時，會使空氣進入，所以在攪拌蛋時，要稍微運用一些小技巧，如此一來完成的蓬鬆度和口感會更加出色。傳統的作法皆是以相同份量的材料製作磅蛋糕，但這種相等的比例會使得蛋糕體變得稍微厚重，因此我的食譜中會稍微減少奶油的份量，以便製作出輕盈的口感。

不需要充分攪拌，
直接使用微波爐融化奶油，
製作蛋糕時既簡單又快速。
由於奶油只需要稍微攪拌，過程中不容易失敗，
相當適合初學者。
雖然會作出稍微稀釋的麵糊，
但不必擔心，仍然可以烘焙出美味的蛋糕。

週末葡萄乾磅蛋糕

法國的傳統點心，是一款週末出門、郊外踏青時都會攜帶的甜點，也是家裡的午茶時間會出現的蛋糕。
為了拉長保存的期限，會在蛋糕外淋上糖霜，但過多的糖霜容易導致蛋糕太甜膩，因此並不需要添加太多。
由於麵糊中添加的是融化的奶油，製作方法較為簡易，相當適合初學者嘗試。
因為必須趁著奶油溫熱時進行攪拌，使用之前再將奶油融化即可，這點相當重要。

材料（7×7×17cm的磅蛋糕烤模1個）

蛋（全蛋） 1½顆

蛋黃 ½顆

上白糖（或三溫糖） 105g

鮮奶油 50mℓ

A

- 低筋麵粉 105g
- 泡打粉 ½小匙

奶油（無鹽） 35g

葡萄乾 35g

萊姆酒 1½小匙

糖霜

- 糖粉 30g
- 檸檬汁 ⅔小匙

事前準備

◆將葡萄乾泡在萊姆酒裡備用。

◆將材料A混合後過篩備用（a）。

◆將烘焙紙鋪在烤模上備用（b）。

◆將烤箱預熱至180℃備用。

作法

1 將全蛋和蛋黃放入調理盆裡，以叉子打散後，加入上白糖，再以橡皮刮刀攪拌（c），最後加入鮮奶油一起攪拌。

2 加入材料A的粉料（d），攪拌至稍微殘留一點粉末的狀態。

3 將奶油放入耐熱容器，蓋上保鮮膜，以微波爐加熱1分10秒至20秒，製作出約45℃的融化奶油（e）。

4 將步驟3和葡萄乾加入步驟2（f），攪拌至麵糊呈現滑順的質感（g）。

5 將麵糊倒進烤模（h）。放入烤箱，以180℃烘烤30分鐘至40分鐘。

6 試著以竹籤斜斜地刺入中心，若沒有出現沾黏的情況即完成。接著從烤模取下蛋糕，直接包著烘焙紙靜置冷卻，等降溫後，再放入塑膠袋中（參照P.6）。

7 製作糖霜。將糖粉過篩至調理盆內，再加入檸檬汁，攪拌至呈現光澤感。

8 以湯匙將步驟7淋在步驟6上，靜置50分鐘至1小時，直至硬化乾燥。

MEMO ✚45℃的融化奶油如同稍熱一些的水溫。以微波爐加熱奶油時，因為會噴濺，請一定要以保鮮膜覆蓋。根據機種的不同，加熱時間也會有所差異。此外，加熱前的奶油溫度，也會根據種類有所不同，請視情況作調整。

✚若有餘裕，請先將葡萄乾浸泡在萊姆酒中，放置一週以上為佳。 ✚若將烤好的蛋糕放入塑膠袋中，就可以製造濕潤的口感。

試著作作看！ 年 月 日

☆☆☆

a

b

c

d

e

f

g

h

楓糖香蕉磅蛋糕

使用楓糖糖漿和紅糖一同製作的點心，具有獨特的風味和甜度。
表面烤出恰到好處的金黃色澤，中間的蛋糕體則呈現濕潤的狀態。
若是在攪拌麵糊時壓碎香蕉，容易導致失去口感。
因此切好的香蕉最後再加入，較能作出具有層次的美味。
利用添加檸檬的小技巧，也可以防止香蕉變色。
紅糖即使過篩後仍會殘留硬塊，只要將硬塊壓碎即可。

◎材料（7×7×17cm的磅蛋糕烤模1個）

蛋　1顆

牛奶　70mℓ

紅糖　80g

楓糖漿　40g

A

- 低筋麵粉　160g
- 泡打粉　1½小匙

奶油（無鹽）　80g

香蕉（去皮）　120g

檸檬汁　2小匙

香草精　2滴至3滴

◎事前準備

◆將紅糖過篩，若有殘留的硬塊，以手指或擀麵棍壓碎（a），使其穿過篩網。

◆將材料A混合後過篩備用。

◆將¾的香蕉橫向對切後，切成3mm厚的片狀，剩下的裝飾用香蕉則切成3mm厚的圓切片，淋上檸檬汁備用（b）。

◆參照P.13，將烘焙紙鋪在烤模上備用。

◆將烤箱預熱至180°C備用。

◎作法

1 將蛋放入調理盆裡，以叉子打散後，加入牛奶，再以橡皮刮刀攪拌。接著加入紅糖、楓糖糖漿後再攪拌（c）。

2 加入過篩後材料A的粉類，攪拌至稍微殘留粉末的狀態。

3 將奶油放入耐熱容器，以保鮮膜覆蓋，以微波爐加熱1分20秒至30秒，製作出約45°C的融化奶油。

4 將步驟3加入步驟2中攪拌，再加入橫向對切的香蕉和香草精攪拌（d）。

5 將麵糊倒進烤模裡，上面鋪上裝飾用的香蕉，放入烤箱，以180°C烘烤30分鐘至40分鐘。

6 烘烤完成後，從烤模取下蛋糕，直接包著烘焙紙靜置冷卻，等降溫後，再放入塑膠袋中（參照P.6）。

MEMO ✚手邊沒有紅糖時，使用上白糖或三溫糖也OK。將上白糖和黑糖以7：3的比例混合使用，就會產生不一樣的風味。不論是哪一種糖類，都需要過篩後再使用。 ✚手邊沒有楓糖糖漿時，請將紅糖改成120g、牛奶80ml，以相同的方法烘烤蛋糕。

試著作作看！　　年　月　日

☆☆☆

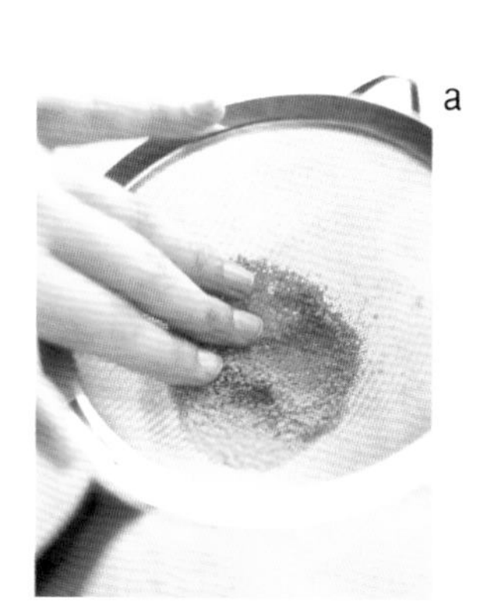

a

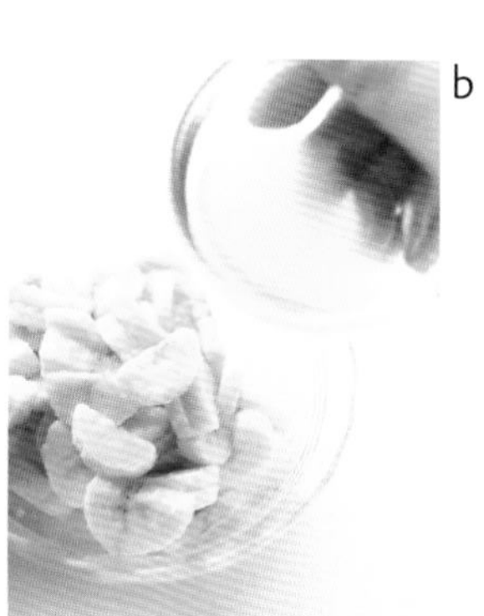

b

c

d

咖啡摩卡磅蛋糕

你聽過長崎福砂屋的蜂蜜蛋糕嗎？
蛋糕的底部刻意殘留著糖粒，酥脆的口感相當吸引人。以此作為靈感，設計出這款獨特的蛋糕。
經過烘烤後，蛋糕底部殘留的巧克力碎片顯得更加美味。
根據即溶咖啡的口味不同，蛋糕的風味也會有所差異，請依自己的喜好斟酌份量。

材料（7×7×17cm的磅蛋糕烤模1個）
蛋　3顆
三溫糖　105g
A
- 全麥麵粉　55g
- 低筋麵粉　35g
- 可可粉　20g
- 泡打粉　½小匙

巧克力脆片　35g
奶油（無鹽）　105g
B
- 即溶咖啡　2小匙
- 熱水　2小匙

事前準備
- 將三溫糖過篩，去除殘留的硬塊（a）。
- 將材料A混合後過篩備用（b）。
- 將材料B的即溶咖啡以熱水溶解（c）。
- 參照P.13，將烘焙紙鋪上烤模備用。
- 將烤箱預熱至180℃備用。

作法
1 將蛋放進調理盆裡，以叉子打散後，再加入三溫糖，以橡皮刮刀攪拌。
2 加入材料A的粉和巧克力碎片攪拌，再加入材料B攪拌（d）。
3 將奶油放入耐熱容器，以保鮮膜覆蓋，再以微波爐加熱1分30秒至40秒，製作出約45℃的融化奶油。
4 將步驟3加入步驟2中攪拌。
5 將麵糊倒進烤模，放入烤箱，以180℃烘烤約40分鐘。
6 烘烤完成後，從烤模取下蛋糕，直接包著烘焙紙靜置冷卻，降溫後再放入塑膠袋中（參照P.6）。

MEMO ✚將三溫糖過篩時，由於殘留的硬塊十分堅硬，請直接去除。
✚如同週末葡萄乾磅蛋糕外所淋上的糖霜，咖啡摩卡磅蛋糕也可以淋上以咖啡溶解的糖霜，兩者一樣美味。至於糖霜的份量，請將30g的糖粉和⅔小匙的即溶咖啡一同以熱水溶解即可。

請不要選擇有額外添加牛奶和砂糖的可可亞，而是選用純可可亞。

試著作作看！　年　月　日
☆☆☆

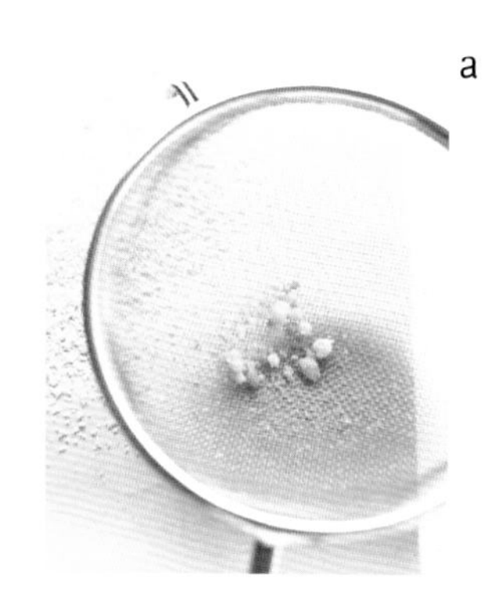
a

b

c

d

最基本的奶油蛋糕作法。
比起快速款，
口感更鬆軟。
烘焙後的蛋糕高度
會增加為其特色所在。
訣竅在於要將奶油確實地
攪拌成鮮奶油狀，
但加入粉類後，
就不要再過度攪拌。

蘋果&番薯濕潤磅蛋糕

撒滿帶皮蘋果和番薯的美味磅蛋糕。
將蘋果的果汁和番薯的澱粉質加入麵糊中一同攪拌，即可烤出濕潤口感。
特別推薦使用酸甜平衡度最高的紅玉蘋果。
在粉類還沒有完全混合時，是將配料食材加入麵糊的最佳時機。
加入配料食材後，適度攪拌即可。

材料（7×7×17cm的磅蛋糕烤模1個）

奶油（無鹽） 75g
上白糖 75g
蛋 2顆
A
- 低筋麵粉 120g
- 泡打粉 ½小匙

番薯 約½條（100g）
蘋果（紅玉） 1顆
紅糖 適量
肉桂粉 適量

事前準備

- 將奶油放在室溫中，放至以手指輕壓會產生凹陷的狀態（a）。
- 將材料A混合後過篩備用。
- 將上白糖過篩備用。
- 以保鮮膜包住帶皮的番薯，以微波爐加熱約4分鐘至軟化（b），再切成1cm厚，約分成4等分至6等分。

作法

1 將奶油放入調理盆，以打蛋器或電動攪拌器攪拌至呈鮮奶油狀（c）。
2 加入上白糖，充分攪拌至呈顏色淡化、蓬鬆的狀態（d）。
3 將打散的蛋液分2次至3次加入，每加入一次就充分攪拌（e）。
4 麵糊呈現滑順的質感後，換成橡皮刮刀，加入材料A的粉料，攪拌至殘留少許粉末的狀態（f）。再加入2/3的番薯和蘋果攪拌，直至麵糊稍微呈現出光澤感即可。
5 將麵糊倒進烤模（g），再將表面抹平。將剩下的番薯和蘋果排列在上面，再過篩撒上紅糖和肉桂粉（h）。
6 放入烤箱，以180℃烘烤40分鐘至45分鐘。
7 試著將竹籤斜斜地插進中心，若沒有出現沾黏的情況即表示完成。從烤模取下蛋糕，直接以烘焙紙包著靜置冷卻，等降溫後再放入塑膠袋中（參照P.6）。

MEMO ✚若有足夠的時間，可先將番薯放入烤箱中烘烤，釋放出其甜味，令成品更加美味。使用鋁箔紙包住番薯，放入烤箱，以200℃烘烤40分鐘至50分鐘即可。

試著作作看！ 年 月 日
☆☆☆

a

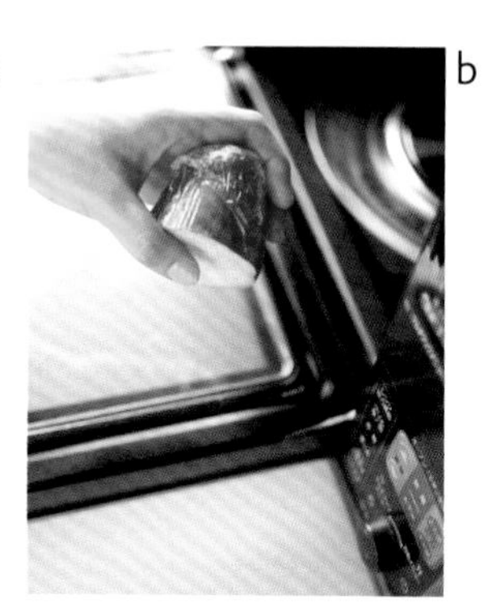
b

c

d

e

f

g

h

顆粒感椰子磅蛋糕

若以椰子粉取代一部分的麵粉，就可以製作出具有獨特顆粒口感的磅蛋糕。
這款點心彷彿是馬卡龍的柔軟版，只使用蛋白製作，所以能作出白色的蛋糕體。
由於麵糊不容易膨脹，因此得放入較淺的烤模中，以能均勻受熱為製作重點。
請不必擔心「材料這麼少可以嗎？」，這都是為了配合淺烤模的份量。

材料（7×7×17cm的磅蛋糕烤模1個）

奶油（無鹽）　50g
砂糖　90g
蛋白　60g（約2顆）
A
　低筋麵粉　100g
　泡打粉　2小匙
椰子粉（粉末）　30g
牛奶　30mℓ
椰子乳　30mℓ
裝飾用椰子絲　適量

事前準備

- 將奶油回復至室溫備用。
- 將材料A混合過篩備用。
- 將椰子粉以網目較粗的篩網過篩備用（a）。
- 參照P.13，將烘焙紙鋪在烤模上。
- 將烤箱預熱至180℃備用。

作法

1 將奶油放入調理盆，以打蛋器或電動攪拌器攪拌成鮮奶油狀。
2 加入砂糖，充分攪拌至呈現顏色淡化的狀態。
3 將蛋白分成3次加入（b），每加入一次就充分攪拌。
4 麵糊呈現滑順的質感後，換成橡皮刮刀，再加入過篩備用的椰子粉和材料A的粉料（c），大致拌勻。
5 攪拌到稍微殘留粉末的狀態時，再加入牛奶和椰子乳攪拌（d）。
6 將麵糊倒入烤模後，再將椰子絲撒在上面。
7 放入烤箱，以180℃烘烤約25分鐘，烤至表面呈現淡淡的顏色。
8 烘烤完成後，從烤模取下蛋糕，直接包著烘焙紙靜置冷卻，等降溫後再放入塑膠袋中（參照P.6）。

MEMO ✚加入鳳梨也很美味。將50g的罐頭鳳梨切成塊狀，在步驟**5**的階段加入攪拌即可。

裝飾用的椰子粉與添加在麵糊中的不同，是被稱為椰子絲的細條款。

試著作作看！　年　月　日

☆☆☆

a

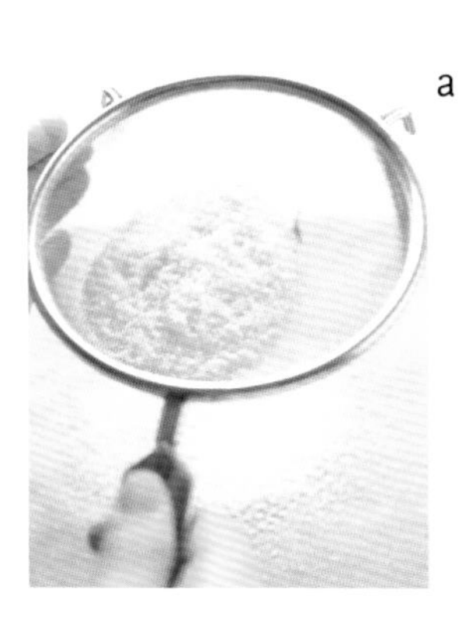

b

c

d

核桃&栗子磅蛋糕

在麵糊裡放入切碎的核桃和杏仁粉，經過烘烤後蛋糕的香氣十足。
為了增添蛋糕的風味，除了加入與堅果類搭配良好的栗子之外，在蛋糕外淋上巧克力醬。
蛋糕主要以咕咕洛夫的烤模烘烤，是店內的人氣商品之一。
出乎我意料的是這款蛋糕非常適合搭配日本茶食用，也因此深受奶奶們的歡迎。
製作重點為將核桃盡可能地切細一點。

材料（7×7×17cm的磅蛋糕烤模1個）

奶油（無鹽）　100g

上白糖　100g

蛋　2顆

A

- 低筋麵粉　80g
- 杏仁粉　35g
- 泡打粉　⅓小匙

核桃　35g（約10粒）

甘露煮栗子　5粒

淋醬用巧克力　適量

事前準備

- 將核桃以120°C烘烤約10分鐘至乾燥後再切碎，栗子則切塊備用（a）。
- 將奶油回復至室溫備用。
- 將上白糖過篩備用。
- 將材料A混合後過篩備用（b）。
- 參照P.13，將烘焙紙鋪在烤模上。
- 將烤箱預熱至180°C備用。

作法

1 將奶油放入調理盆，以打蛋器或電動攪拌器攪拌成鮮奶油狀。

2 加入上白糖，充分攪拌至呈現顏色淡化、蓬鬆的狀態。

3 將打散的蛋液分2次至3次加入，每加入一次就充分攪拌。

4 攪拌至麵糊呈現滑順的質感後，換成橡皮刮刀，再加入材料A的粉料，攪拌至稍微殘留粉末的狀態。接著加入事前準備好的核桃和栗子（c），大致拌勻。

5 將麵糊倒進烤模後，放入烤箱，以180°C烘烤30分鐘至35分鐘。

6 從烤模取下蛋糕，直接包著烘焙紙靜置冷卻，等降溫後再放入塑膠袋中（參照P.6）。

7 將巧克力切塊後放入調理盆中，隔水加熱（d）。融化後再淋在冷卻的蛋糕上，靜置至凝固即可。

MEMO ✚使用進口的核桃時，若先放入烤箱，以120°C烘烤約20分鐘使其乾燥後，就能增添香氣。 ✚※若沒有淋醬用的巧克力時，可將鮮奶油與點心專用巧克力混合後再使用。將60mℓ的鮮奶油加熱至將近沸騰後，再放入60g切塊的點心專用巧克力，使其融化混合即可。

試著作作看！　　年　　月　　日

☆☆☆

a

b

c

d

只要學會磅蛋糕，就能以相同的方法製作馬芬！

快速版胡蘿蔔馬芬

由於使用的是融化奶油，縮短不少製作馬芬的時間。
馬芬原本是用來沾果醬或奶油一起吃的食物，是一款不會過於甜膩的點心。
在經過烘烤後，藉著胡蘿蔔自然的甜味，能散發出淡淡的香氣。

材料（直徑7cm的馬芬烤模9個）

蛋　1顆
牛奶　180mℓ
胡蘿蔔　約½條
A
- 低筋麵粉　250g
- 泡打粉　1大匙
- 砂糖　140g
- 鹽　1小撮

葡萄乾　30g
奶油（無鹽）　130g
烤模用融化奶油・高筋麵粉　各適量

事前準備

◆將材料A混合後，過篩至調理盆內備用（a）。
◆將胡蘿蔔削皮磨成泥，瀝乾水分後，準備50g備用。
◆將烤模塗上一層薄薄的融化奶油，再撒上一些高筋麵粉備用。
◆將烤箱預熱至180℃備用。

作法

1 在調理盆裡將蛋打散，再加入牛奶、胡蘿蔔泥一起攪拌。
2 將步驟1添加至放入材料A粉料的調理盆（b），以橡皮刮刀大致拌勻，再加入葡萄乾，攪拌至稍微殘留粉末的狀態。
3 將奶油放入耐熱容器，以保鮮膜覆蓋，再以微波爐加熱1分40秒至50秒，製作出約45℃的融化奶油。
4 將步驟3加入步驟2中（c），攪拌至沒有粉末、麵糊呈現滑順的質感（請不要過度攪拌）。
5 將麵糊倒入烤模至8分滿（d），再放入烤箱，以180℃烘烤20分鐘至25分鐘。
6 試著插入竹籤，沒有沾黏麵糊即OK。接著從烤模取下馬芬，靜置冷卻，等降溫後再放入塑膠袋中（參照P.6）。

試著作作看！　年　月　日

☆☆☆

a b c d

週末葡萄乾磅蛋糕也可以作成馬芬

將週末葡萄乾磅蛋糕（P.12）的麵糊直接倒入馬芬的烤模烘烤即可。1個磅蛋糕烤模份量的麵糊，若使用直徑7cm的馬芬烤模烘烤，大約可以製作6個至7個。

1 將烤模塗上一層薄薄的融化奶油，再撒上高筋麵粉。
2 將週末葡萄乾磅蛋糕的麵糊倒入烤模至8分滿，放入烤箱，以180℃烘烤18分鐘至20分鐘即可。

試著作作看！　年　月　日

☆☆☆

雙色芝麻馬芬

使用芝麻粒和芝麻醬製作的雙色芝麻馬芬。
由於以芝麻醬取代一半的奶油份量，
讓蛋糕具有相當濃郁的風味。
撒在表面的芝麻也帶來淡淡的香氣，
是一款健康取向的馬芬。

材料（直徑7cm的馬芬烤模10至11個）

牛奶　150㎖
蛋　1顆
白芝麻醬（磨碎芝麻）　60g
A
- 低筋麵粉　280g
- 泡打粉　1大匙
- 砂糖　140g
- 鹽　少許

芝麻粒（白・黑）　各1大匙
奶油（無鹽）　70g
裝飾用芝麻粒（白・黑）　各1小匙
烤模用融化奶油・高筋麵粉　各適量

事前準備

- 將材料A混合後過篩至調理盆內備用。
- 將烤模塗上一層薄薄的融化奶油，再撒上高筋麵粉備用。
- 將烤箱預熱至180°C備用。

作法

1. 將牛奶加熱至相當於人體的溫度，再加入打散的蛋液和白芝麻醬，充分混和攪拌。
2. 將步驟1和芝麻粒加入材料A粉料的調理盆內，以橡皮刮刀攪拌至稍微殘留粉末的狀態。
3. 將奶油放入耐熱容器，以保鮮膜覆蓋，再以微波爐加熱1分20秒至30秒，製作出約45°C的融化奶油。
4. 將步驟3加入步驟2中，攪拌至沒有粉末、麵糊呈現滑順的質感。
5. 將麵糊倒入烤模至8分滿，撒上裝飾用的芝麻粒，再放入烤箱，以180°C烘烤20分鐘至25分鐘。
6. 試著插入竹籤，沒有沾黏麵糊即表示完成。接著從烤模取下馬芬，靜置冷卻，等降溫後再放入塑膠袋中（參照P.6）。

試著作作看！　　年　月　日

☆☆☆

早餐馬芬

這款馬芬的甜度不高，建議可於早餐時間食用。
將燕麥泡在牛奶後，再和麵糊混合，可製造濕潤的口感，令蛋糕更加美味。
燕麥可於超市等賣場購買。

材料（直徑7cm的馬芬烤模8個）

A
- 牛奶　100ml
- 原味優格　100g
- 燕麥　60g

三溫糖　90g
奶油（無鹽）　100g
蛋　1顆

B
- 低筋麵粉　130g
- 泡打粉　1小匙
- 小蘇打粉　½小匙
- 鹽　¼小匙

裝飾用燕麥　10g
烤模用融化奶油・高筋麵粉　各適量

事前準備

- 將奶油回復至室溫備用。
- 將材料A混合攪拌後，靜置10分鐘左右。
- 將材料B混合後過篩備用。
- 將烤箱預熱至180°C備用。
- 將烤模塗上一層薄薄的融化奶油，再撒上高筋麵粉備用。

作法

1. 將奶油放入調理盆，以打蛋器或電動攪拌器攪拌至呈現鮮奶油狀。再加入三溫糖，攪拌至呈現顏色淡化的狀態。
2. 加入打散的蛋液攪拌，再加入材料A攪拌。
3. 換成橡皮刮刀，加入材料B，攪拌至沒有粉末的狀態。
4. 將麵糊倒入烤模至8分滿，撒上裝飾用的燕麥，再放入烤箱，以180°C烘烤20分鐘至25分鐘。
5. 從烤模取下馬芬，靜置冷卻，等降溫後再放入塑膠袋中。

直接倒入烤盤烘烤，讓分切作業更方便！

橘子伯爵茶蛋糕

麵糊中添加鮮奶油，使蛋糕具有濃郁的風味。
伯爵茶的茶葉和切片的橘子互相映襯，帶來十足的香氣。
比起使用烤模，直接倒入烤盤烘烤，可以縮短不少製作的時間。
倒入麵糊後，記得要以橡皮刮刀將麵糊抹至烤盤的邊角。
為了不要出現烘烤的斑紋，請將整體抹勻。

◎材料（27×30cm的烤盤1片）

蛋　240g（剝殼後約5顆）
砂糖　250g
鮮奶油　120mℓ
君度橙酒　1大匙
A
　低筋麵粉　110g
　強力粉　110g
　泡打粉　½大匙
　鹽　1小撮
伯爵茶茶包　1包（2g裝）
奶油（無鹽）　80g
橘子　2顆至2½顆
糖漿
　砂糖　20g
　水　20mℓ
　君度橙酒　20mℓ

◎事前準備

- ◆將材料A混合後過篩備用。
- ◆將橘子的皮洗乾淨，切成3mm厚（a）。
- ◆將茶包中的紅茶茶葉取出備用（b）。
- ◆將切出四角的烘焙紙鋪在烤盤上（c）。
- ◆將烤箱預熱至180°C備用。

◎作法

1 在調理盆內將蛋液打散，再加入砂糖、鮮奶油、君度橙酒，並以打蛋器攪拌。
2 換成橡皮刮刀，加入材料A後大致拌勻，再加入紅茶茶葉（d），攪拌至稍微殘留粉末的狀態。
3 將奶油放入耐熱容器，以保鮮膜覆蓋，再以微波爐加熱1分20秒至30秒，製作成約45°C的融化奶油。
4 將步驟3加入步驟2中，將麵糊攪拌至呈現滑順的質感。
5 倒入烤盤，將表面抹平後（e），再排上橘子片（f）。
6 放入烤箱，以180°C烘烤20分鐘至25分鐘。
7 製作糖漿。將砂糖和水加熱溶解，冷卻後再加入君度橙酒攪拌。
8 步驟6的麵糊烘烤完成後，趁熱將步驟7的糖漿以毛刷塗在蛋糕表面上。讓蛋糕直接在烤盤上冷卻後，再取出蛋糕放在工作檯上，分切成6×6cm左右的尺寸即完成。

MEMO ✚由於蛋糕中有一半是使用高筋麵粉，因此口感較扎實。✚可使用葡萄柚切片取代橘子，雖然會讓蛋糕帶有一絲苦味，卻也能呈現出成熟的風味。

試著作作看！　　年　月　日
☆☆☆

由於茶包的茶葉很細小，能輕鬆地與麵糊混合，即使沒有經過量測也無妨，使用時相當方便。

a

b

c

d

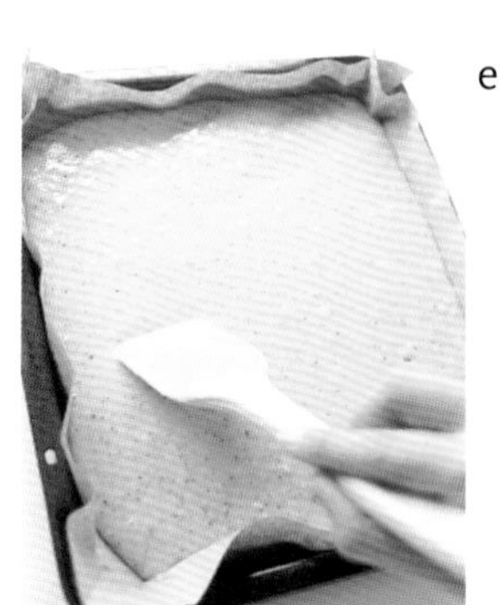
e

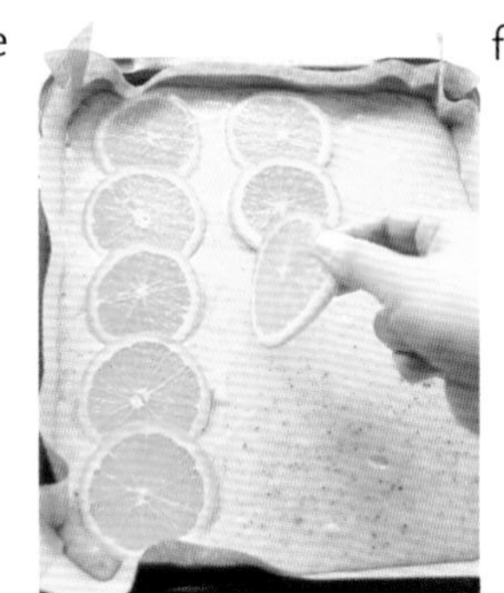
f

藍莓優格蛋糕

使用優格與藍莓的絕妙搭配製作而成的蛋糕。
將優格和麵糊混合，打造清爽的風味和濕潤的口感。
若將藍莓直接和麵糊混合攪拌，容易導致藍莓沉澱在底部，因此請留下其中的三分之一，撒在蛋糕的表面上。
只要在降溫的階段將蛋糕放入塑膠袋中，就能如同磅蛋糕一般，製作出濕潤的口感。

材料（27×30cm的烤盤1片）

蛋　1½顆

原味優格　300g

A

- 低筋麵粉　300g
- 上白糖　225g
- 泡打粉　1½小匙
- 小蘇打粉　2小匙

奶油（無鹽）　150g

冷凍藍莓　40g

事前準備

- 將冷凍藍莓放在室溫解凍，瀝乾水分後備用（a）。
- 將材料A混合後過篩備用。
- 將切出四角的烘焙紙鋪在烤盤上。
- 將烤箱預熱至180°C備用。

作法

1 將蛋放入調理盆內，以叉子打散後，再加入原味優格充分攪拌（b）。

2 加入材料A，以橡皮刮刀攪拌至稍微殘留粉末的狀態。

3 將奶油放入耐熱容器，以保鮮膜覆蓋，再以微波爐加熱1分50秒至2分，製作成約45°C的融化奶油。

4 將步驟3加入步驟2中，將麵糊攪拌至呈現滑順的質感，再加入⅔份量的藍莓攪拌（c）。

5 將麵糊倒入烤盤中（d），表面抹平後，再將剩下的藍莓撒在上方（e）。

6 放入烤箱，以180°C烘烤20分鐘至25分鐘。

7 蛋糕在烤盤上冷卻後，再取出放在工作檯上，分切成6×3.5cm左右的尺寸即完成（f）。

MEMO ✚製作蛋糕的步驟相同，但比起冷凍藍莓，新鮮的藍莓更能呈現清爽的風味。因此若能使用新鮮的藍莓，可以提升不少蛋糕的魅力。

試著作作看！　　年　　月　　日

☆☆☆

不需要模型——

輕鬆製作餅乾的三種方法

只要嚐過一次，就無法抗拒烘焙餅乾的香氣與酥脆的口感，這就是手作烘焙餅乾的無窮魅力！許多人都不知道餅乾的麵團可以冷凍保存。實際上，若能事先準備好不同的餅乾麵團，想要品嚐時，只需要從冷凍庫中取出，就能輕鬆地進行烘烤，也能在極短的時間內嚐到不同的美味。在家中製作餅乾不也是一種樂趣嗎？以我本身的經驗而言，比較少會製作需要使用模型的餅乾，因為步驟多，容易產生多餘的麵團，也會耗費比較多的撲粉。本書在此介紹三款無須使用模型就能製作的餅乾：第一款是「隨性手工款」，僅利用自己的手揉圓麵團，可以自由地控制餅乾大小和形狀，充滿手作的樂趣；第二款是「冰盒款」，由於先將麵團冷凍，就算沒有使用模型，也能作出漂亮的圓形或四角形，即使是初學者也能輕鬆上手；第三款是「烤盤烘焙款」，將麵團一次性地倒入烤盤烘烤，過程十分簡單，就算是初學者也不會失敗。不管選擇使用何種方法，都不需要準備特別的用具，請試著動手製作看看吧！

Cookies

不使用模型，僅以手揉圓或擀平麵團，
製作時相當輕鬆，
是適合初學者的簡易款餅乾。
自由變化大小和形狀的特點為其魅力所在，
蘊含滿滿的手作溫度。

巧克力&杏仁美式餅乾

在酥脆的麵團中，放入滿滿的巧克力和杏仁。
冷卻後直接食用也很美味，但洛杉磯當地的吃法是先將餅乾烤過，享受融化的巧克力風味，
因此這款餅乾可以享受到兩種截然不同的美味。
在此使用的巧克力不一定要用點心專用巧克力，可使用手邊所擁有的巧克力代替，我個人偏愛使用明治的黑巧克力。

材料（直徑約6cm共25片）

奶油（無鹽）　100g
砂糖　100g
蛋　½顆
低筋麵粉　130g
泡打粉　½小匙
杏仁（圓粒）　50g
巧克力　50g

事前準備

◆將奶油回復至室溫備用。
◆將一粒杏仁切成3等分，巧克力切成約1cm的方塊（a）。
◆將低筋麵粉和泡打粉混合後過篩備用（b）。
◆將烘焙紙鋪在烤盤上。
◆將烤箱預熱至170℃備用。

作法

1 將奶油放入調理盆，以打蛋器或電動攪拌器攪拌至呈鮮奶油狀，再加入砂糖，攪拌至呈現滑順的質感。
2 將打散的蛋液分2次加入（c）。
3 換成橡皮刮刀，加入過篩備用的粉類，攪拌至沒有粉末的狀態。
4 加入⅔份量的杏仁和巧克力攪拌（d）。
5 將麵團分為約每18g一份，以手揉圓後（e），保持間隔地排列在烤盤上，再以手掌壓平，並將剩下的杏仁和巧克力鋪在上面（f）。
6 放入烤箱，以170℃烘烤12分鐘至15分鐘。

MEMO ✚直徑4cm左右的麵團，經過烘烤後，大約會膨脹成直徑6cm左右，因此排列在烤盤上時，請一定要留下間隔。

試著作作看！　年　月　日

☆☆☆

黑糖薑味餅乾

自從在倫敦品嚐到薑味餅乾，
就對這獨特的風味念念不忘，
因此這款餅乾也成為試作的食譜之一。
並非使用薑粉，
而是將薑汁混入麵團中，
香味更迷人。
由於薑皮具有香氣，
請帶皮一起研磨。

◎材料（直徑約5至6cm共25片）

奶油（無鹽）　90g

A

- 低筋麵粉　120g
- 糖粉　30g
- 黑糖　30g
- 鹽　½小匙

蛋　½顆

薑汁　2小匙

砂糖　適量

◎事前準備

- ◆將奶油切成0.5cm的方塊，放入冰箱中冷藏備用。
- ◆將材料A混合後過篩備用。
- ◆將烘焙紙鋪在烤盤上。
- ◆將烤箱預熱至170℃備用。

◎作法

1. 將材料A和奶油放入調理盆內，以手捏成細細的麵包粉狀。
2. 加入打散的蛋液和薑汁攪拌，直至攪拌成一塊麵團。
3. 擀成直徑4.5cm至5cm的條狀，表面裹上砂糖，再以保鮮膜包住，放入冰箱冷藏約一個小時，待其冷卻固化。
4. 取下保鮮膜後，切成5mm厚，排列在烤盤上。
5. 放入烤箱，以170℃烘烤8分鐘至10分鐘。

試著作作看！　年　月　日

☆☆☆

a

無花果&李子餅乾

這款餅乾的靈感源自於我所喜愛的水果乾。
由於麵團中添加大量的水果乾，使麵粉的比例稍微少一點，
烘烤後的口感也比較濕潤。
咬下餅乾的瞬間，水果乾的香味與甜味四溢，令人深深地著迷。
乾燥的無花果比較硬，使用前請先以稀釋的糖漿熬煮約五分鐘，
再靜置半天以上。

○材料（直徑約5cm共18片）
奶油（無鹽）　65g
黑糖（粉末）　45g
上白糖　45g
蛋　½顆
A
　低筋麵粉　105g
　泡打粉　½小匙
　肉桂粉　½小匙
無花果乾　50g
李子乾（去籽）　100g

○事前準備
◆將奶油回復至室溫備用。
◆將黑糖和白砂糖混合後過篩備用。
◆將材料A混合後過篩備用。
◆將一個李子乾切成4等分。無花果去梗後，也切成和李子乾相同的大小。
◆將烘焙紙鋪在烤盤上。
◆將烤箱預熱至170°C備用。

○作法
1 將奶油放入調理盆，以打蛋器等工具攪拌成鮮奶油狀，再加入混合過篩後的砂糖類材料攪拌，最後加入打散的蛋液攪拌。
2 加入材料A，以橡皮刮刀攪拌至沒有粉末的狀態，再加入無花果乾和李子乾攪拌。
3 將約25g的麵團捏成糰（不要揉圓），排列在烤盤上（a）。
4 放入烤箱，以170°C烘烤18分鐘至20分鐘，烘烤過程中，若底側開始出現焦化，請重疊兩塊烤盤再烘烤，或將溫度降至160°C。

試著作作看！　年　月　日
☆☆☆

燕麥餅乾

將燕麥當成顆粒的一部分，
雖然甜度降低，但風味依舊十足。
若想要烘烤出餅乾中蘊含的香氣，
需要拿捏好火候，
將餅乾烤至接近焦化的狀態即可。
由於溫熱狀態下的餅乾容易碎裂，
請一定要等冷卻後再從烤盤取出。

材料（直徑約7cm共20片）
奶油（無鹽） 85g
三溫糖 120g
蛋 ½顆
A
- 低筋麵粉 120g
- 泡打粉 ½小匙
- 小蘇打粉 ½小匙

燕麥 40g

事前準備
- 將奶油回復至室溫備用。
- 將材料A混合後過篩備用。
- 將烘焙紙鋪在烤盤上。
- 將烤箱預熱至170°C備用。

作法
1 將奶油放入調理盆，以打蛋器或電動攪拌器攪拌至呈鮮奶油狀，再加入三溫糖攪拌，最後將打散的蛋液分兩次加入攪拌。
2 加入材料A和燕麥，以橡皮刮刀攪拌至沒有粉末的狀態。
3 將約20g的麵團揉圓，保持間隔地排列在烤盤上，再以手掌壓平（a）。
4 放入烤箱，以170°C烘烤約10分鐘。

a
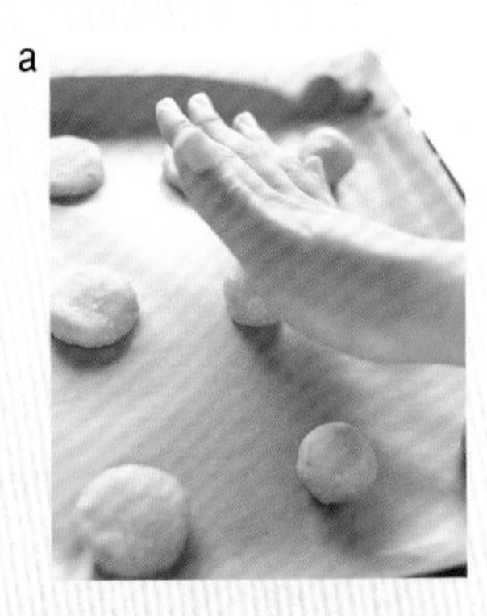

試著作作看！ 年 月 日
☆☆☆

巧克力碎片餅乾

深受眾人喜愛，是人氣十足的一款餅乾。在六甲的店鋪，有揹著書包的小學生每天都會跑來購買，曾經擔心的問他：「媽媽說可以買嗎？」受歡迎的程度可見一斑。
將咖啡顆粒溶解後加入麵團中，營造濃郁的風味。
並使用巧克力碎片這類香甜的原料，堆疊出口味的層次感。
若將麵團揉圓後就丟置在一旁，會導致麵團的黏度降低，
因此請在揉圓麵團後，就立即沾裹巧克力碎片。

○材料（直徑約4cm共25片）

奶油（無鹽）　50g
三溫糖　40g
砂糖　25g
蛋　¾顆
A
　低筋麵粉　100g
　可可粉　8g
　泡打粉　¼小匙
　鹽　⅛小匙
即溶咖啡（顆粒）　1小匙
巧克力脆片　40g

○事前準備

- 將奶油回復至室溫備用。
- 將三溫糖和砂糖混合後過篩備用。
- 將材料A混合後過篩，和即溶咖啡混合備用。
- 將烘焙紙鋪在烤盤上。
- 將烤箱預熱至180℃備用。

○作法

1. 將奶油放入調理盆，以打蛋器或電動攪拌器攪拌成鮮奶油狀，再加入過篩的砂糖類材料攪拌，最後將打散的蛋液分成兩次左右加入攪拌。
2. 加入材料A和即溶咖啡，以橡皮刮刀攪拌至沒有粉末的狀態。
3. 將約10g的麵團揉圓，沾裹上巧克力碎片後（a），排列在烤盤上。
4. 放入烤箱，以180℃烘烤10分鐘至12分鐘。

a

試著作作看！　　年　月　日

☆☆☆

椰子&檸檬酥脆餅乾

不使用麵粉烘烤，香味十足的一款餅乾，具有如同馬卡龍一般的口感。
以檸檬提升酸味，因此也很受到男性的歡迎。
在我的食譜中，從一開始就將所有的材料放入鍋裡加熱，
這種作法不僅能使麵糊容易成團，攪拌時也比較輕鬆，是我私房的製作訣竅！

◎材料（直徑約6cm共25片）
椰子粉（粉末） 100g
砂糖 150g
蛋白 120g（約4顆）
檸檬汁 10㎖

◎事前準備
◆將椰子粉以粗網目的篩網過篩備用。
◆將烘焙紙鋪在烤盤上備用。
◆將烤箱預熱至160℃備用。

◎作法
1 將全部的材料放進鍋子裡充分攪拌，一邊以橡皮刮刀攪拌，一邊以小火加熱。當舉起刮刀時，麵糊呈現流動的狀態（a），並達到接近人體的溫度後即可熄火。
2 將麵糊填進裝上星形花嘴的擠花袋，擠出直徑約6cm的圈狀。沒有擠花袋和花嘴時，將兩個塑膠袋套在一起，再將邊角切成1cm左右後擠出即可。或以湯匙舀起一大匙，馬上放到烤盤上，作成約2mm厚的形狀，再以湯匙的背面抹平。
3 因為屬於容易烤焦的麵糊，必須先將兩片烤盤重疊，放入烤箱，以160℃烘烤20分鐘至25分鐘，烘烤至呈現酥脆的質感。請仔細觀察烘烤的狀態，若底部開始變成咖啡色，就將溫度降至150℃。

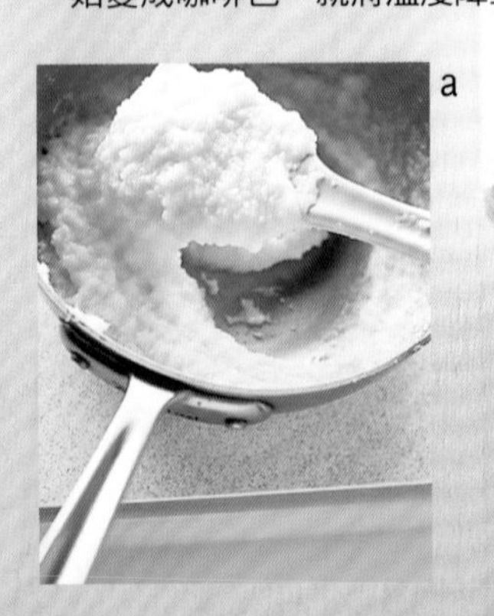
a

試著作作看！ 年 月 日
☆☆☆

義大利風味
玉米片餅乾

在義大利料理中，稱為Polenta（義式玉米餅），
屬於一種使用玉米粉製作而成的料理。
這款餅乾是被稱為Zaletti Venezia的義式餅乾，
以Polenta專用的玉米粉製作而成。
其特色在於除了具有顆粒的口感之外，
還兼具玉米的甜味。
由於這款麵團不容易受熱，
請確實地烘烤。

◎材料（約3×6cm共25片）

蛋黃　3顆
砂糖　100g
奶油（無鹽）　135g
A
　低筋麵粉　230g
　玉米粉（Polenta專用）　100g
葡萄乾　80g

◎事前準備

- 將奶油回復至室溫備用。
- 將材料A混合後過篩備用。
- 將葡萄乾切塊。
- 將烘焙紙鋪在烤盤上。
- 將烤箱預熱至170°C備用。

◎作法

1 將蛋黃和砂糖放入調理盆，以打蛋器攪拌至顏色淡化的狀態。
2 將奶油放入另一個調理盆，以打蛋器或電動攪拌器攪拌成鮮奶油狀。
3 將步驟2加入步驟1的調理盆攪拌，再加入過篩的粉類材料A攪拌，最後加入葡萄乾攪拌。
4 取約30g的麵團，調整成橄欖球的形狀，排列在烤盤上。
5 放入烤箱，以170°C烘烤約20分鐘。

試著作作看！　　年　　月　　日

☆☆☆

將添加許多奶油的麵團，放在冷凍庫中冷卻固化。
可以先分切成薄片後再烘烤，是非常方便製作的一款餅乾。
由於將麵團直接冷凍保存，
不僅拉長保存期限，
也能夠只烘烤想要食用的數量。

楓糖砂糖餅乾

楓糖是從楓樹採集而成的糖類，不僅礦物質豐富，還兼具淡雅的甜味。
在麵團中添加楓糖，能帶出淡淡的香甜氣息。
周圍再裹上粗糖粒，以增加酥脆的口感和甜味的亮點。
分切冷卻固化的麵團時，若是一邊旋轉一邊切，就不容易偏離切口的圓形。

◎材料（直徑約6cm共25片）

奶油（無鹽）　80g
糖粉　25g
楓糖（粉末）　25g
蛋黃　½顆
A
│低筋麵粉　120g
│泡打粉　⅛小匙
粗糖粒　100g

◎事前準備

- 將奶油回復至室溫備用。
- 將糖粉和楓糖混合後過篩備用（a）。
- 將A混合後過篩備用。
- 將烘焙紙鋪在烤盤上。
- 在烘烤前，將烤箱預熱至180°C備用。

◎作法

1 將奶油放入調理盆，以打蛋器或電動攪拌器攪拌成鮮奶油狀，再加入兩種過篩的砂糖，攪拌至呈現滑順的質感（b）。
2 加入蛋黃攪拌。
3 換成橡皮刮刀，加入材料A（c），攪拌至沒有粉末的狀態。
4 將麵團揉成團，再分成2等分，調整成直徑5cm的條狀。在調理盤內鋪滿粗糖粒，轉動麵團，將周圍裹上粗糖粒後，再以保鮮膜包住（d）。接著放入冷凍庫約1個小時，冷卻固化至刀刃可以切入的程度。
5 取下保鮮膜，切成5mm厚（e），保持間隔地排列在烤盤上（f）。
6 放入烤箱，以180°C烘烤10分鐘至12分鐘。

試著作作看！　　年　月　日
☆☆☆

楓糖有粉末和顆粒兩種款式，以製作點心而言，粉末狀的楓糖比較方便使用。若手邊沒有粉末狀的楓糖，以三溫糖取代也OK。

a

b

c

d

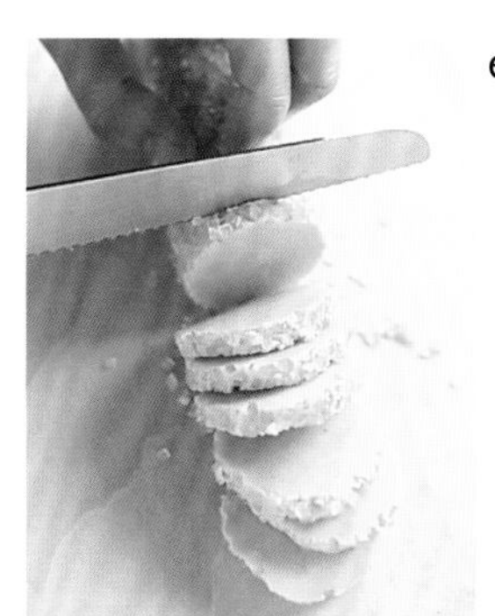
e

f

咖啡餅乾

添加了咖啡，是屬於成熟口味的一款餅乾。
即溶咖啡的味道各有不同，請依據個人的喜好購買。
這款餅乾表面會撒上粗糖粒，
營造苦味與甜味交織的效果，
酥脆的口感也是美味的要素之一。

材料（直徑6cm共20片）

低筋麵粉　100g
奶油（無鹽）　60g
砂糖　50g
杏仁粉　30g
蛋黃　⅔個分

A
即溶咖啡　1½大匙
熱水　½大匙

裝飾用
粗糖粒・核桃　各適量
溶於水的蛋黃（蛋黃½顆＋水少許）

事前準備

- 將奶油切成1cm的方塊，放在冰箱冷藏備用。
- 將低筋麵粉和杏仁粉各別過篩備用。
- 將A溶解備用。
- 將裝飾用的核桃切碎。
- 將烘焙紙鋪在烤盤上備用。
- 在烘烤之前，將烤箱預熱至170℃備用。

作法

1 加入蛋黃和材料A攪拌。
2 將麵團揉成團，擀成直徑5cm的條狀，
3 再以保鮮膜包住，放入冷凍庫約1個小時冷卻固化。
4 將麵團切成5mm厚，排列在烤盤上。以毛刷在表面塗上以水溶解的蛋黃，並放上核桃和粗糖粒。
5 放入烤箱，以170℃烘烤13分鐘至15分鐘。

試著作作看！　年　月　日

☆☆☆

長山核桃餅乾

具有代表性的長山核桃派。
在美國，長山核桃很受歡迎。
這款餅乾是將敲碎的核桃混進麵團裡，
藉此製造出香味。
若買不到長山核桃，以其他品牌核桃製作也OK。
由於這款麵團沒有使用蛋，很適合不吃蛋的人食用。
若是不吃蛋，最後塗上蛋液的步驟可以省略。

材料（約4×7cm共20片）

奶油（無鹽）　90g
砂糖　80g
蜂蜜　½大匙
A
　低筋麵粉　135g
　小蘇打粉　½小匙
長山核桃　30g

裝飾用

　長山核桃　5粒
　以水溶解的蛋液
　（全蛋½顆＋水½小匙）

事前準備

- 將奶油回復至室溫備用。
- 將A混合後過篩備用。
- 將麵團用的長山核桃，以菜刀或食物調理機盡可能地切細備用。裝飾用的長山核桃則切成4等分備用。
- 將烘焙紙鋪在烤盤上備用。
- 在烘焙之前，將烤箱預熱至180℃備用。

作法

1. 將奶油放入調理盆，以打蛋器或電動攪拌器攪拌成鮮奶油狀，再加入砂糖和蜂蜜攪拌至呈現滑順的質感。
2. 將材料A和長山核桃加入步驟1中，以橡皮刮刀攪拌。
3. 攪拌至沒有粉末的狀態後，將麵團揉成條狀，再將剖面整理成3×6cm的四角形，並以保鮮膜包住，放入冷凍庫約1個小時冷卻固化。
4. 將麵團切成5mm厚，排列在烤盤上，以毛刷塗上蛋液後，再放上裝飾用的長山核桃。
5. 放入烤箱，以180℃烘烤約15分鐘即可。

試著作作看！　　年　　月　　日

☆☆☆

起司&迷迭香餅乾

在我住家的玄關前，種著如同圍籬一般、十分茂盛的迷迭香。
我原本認為這種香草不能用來作餅乾，只適合作披薩。
但嘗試作出披薩的風味後，卻意外發現起司和迷迭香這對美味組合很適合搭配紅酒。
根據個人的喜好，利用鹽、胡椒調味，或加入鯷魚等也很棒喔！

材料（直徑約5cm共35片至40片）

奶油（無鹽） 100g
砂糖 30g
蛋黃 ½顆
A
| 低筋麵粉 180g
| 鹽 ¼小匙
切達起司 40g
迷迭香（新鮮葉子切碎） 1大匙
黑胡椒 適量

事前準備

◆將奶油回復至室溫備用。
◆將材料A混合後過篩備用。
◆將切達起司磨碎備用（a）。
◆將迷迭香的葉子切碎，準備1½大匙備用（b）。
◆將烘焙紙鋪在烤盤上。
◆在烘烤之前，將烤箱預熱至180°C備用。

作法

1 將奶油放入調理盆，以打蛋器或電動攪拌器攪拌成鮮奶油狀，再加入砂糖攪拌至呈現滑順的質感。
2 加入蛋黃攪拌。
3 加入材料A，以橡皮刮刀大致攪拌，再加入切達起司、迷迭香、黑胡椒（c），攪拌至沒有粉末的狀態。
4 將麵團揉成團，調整成直徑約4cm的條狀後，作出如同正方形的邊角（d），並以保鮮膜包住，放入冷凍庫約1個小時冷卻固化。
5 將麵團切成5mm厚，排列在烤盤上。
6 放入烤箱，以180°C烘烤10分鐘至12分鐘，烘烤至表面稍微上色。

MEMO ✚起司除了切達起司之外，使用個人喜愛的起司種類也OK。若是選擇披薩用的綜合起司，請盡可能地切細後再使用。

若無法取得新鮮的迷迭香時，請使用½大匙至⅔大匙的乾燥迷迭香。

試著作作看！ 年 月 日

☆☆☆

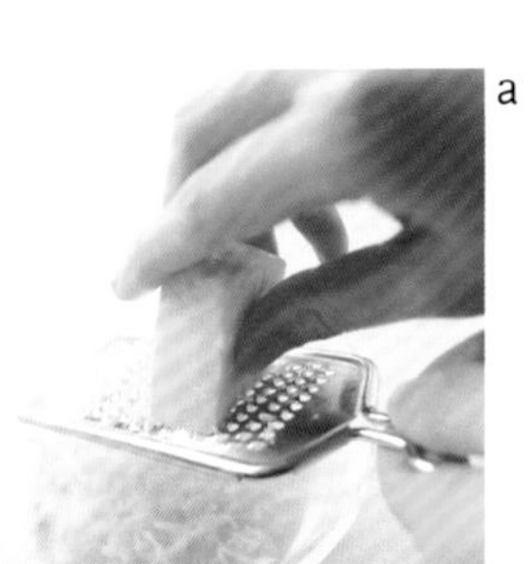
a

b

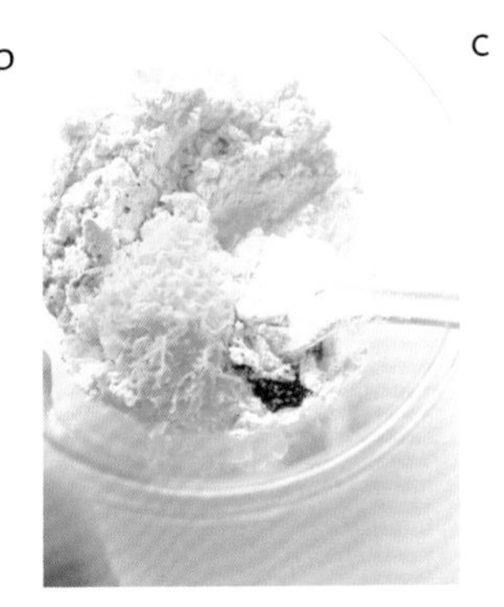
c

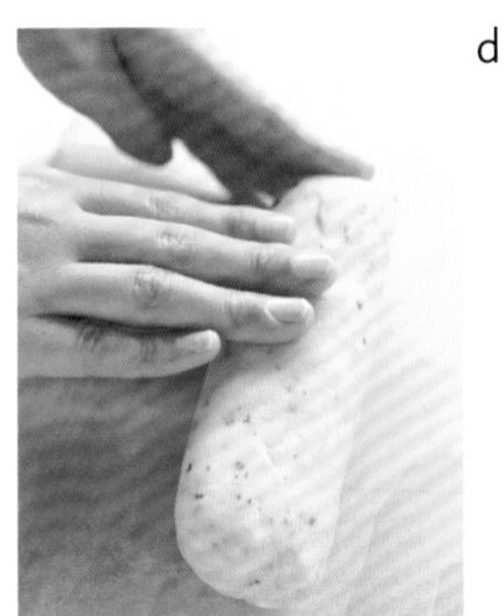
d

將麵團揉成一大片直接鋪在烤盤上烘烤，
最後再分切的餅乾類型。
可以省下將餅乾麵團一個一個成形的步驟，
「咚」一下馬上就烤好了！
製作過程既簡單又輕鬆。

胡蘿蔔葡萄乾棒

兒子年幼時，為了讓他多攝取一些胡蘿蔔素，特地構思的甜點食譜。
烤盤烘焙的方式可以輕鬆作出大量的餅乾，作為大家族的家庭點心或幼稚園的獎勵點心等都很方便。
一次就製作大份量的麵團，再分裝成小份冷凍備用，使用上非常便利。

材料（約7×20cm共2條）

奶油（無鹽） 60g
上白糖 100g
蛋 1顆
胡蘿蔔 ½條至⅓條
葡萄乾 50g
檸檬汁 1小匙
A
- 低筋麵粉 150g
- 泡打粉 ⅓小匙

事前準備

◆將奶油回復至室溫備用。
◆將上白糖過篩備用（a）。
◆將材料A混合後過篩備用。
◆將胡蘿蔔削皮磨成泥（b），準備約45g。
◆將烘焙紙鋪在烤盤上。
◆在烘烤之前，將烤箱預熱至180°C備用。

作法

1 將奶油放入調理盆，以打蛋器或電動攪拌器攪拌成鮮奶油狀，再加入過篩的上白糖攪拌至呈現滑順的質感。
2 加入打散的蛋液攪拌（c），再加入胡蘿蔔、葡萄乾、檸檬汁攪拌（d）。
3 加入A，以橡皮刮刀攪拌至沒有粉末的狀態。
4 將麵團揉成團，再分成2等分，調整成橢圓形，以保鮮膜包住後（e），放入冷凍庫30分鐘至1個小時冷卻，形成不會沾黏的狀態即可。
5 放在烤盤上，沾一些手粉（高筋麵粉・份量外），將麵團整成2cm厚7×20cm的形狀，放入烤箱，以180°C烘烤20分鐘至25分鐘。
6 先放在烤盤上冷卻後，移至工作檯上取出餅乾，切成2cm寬即完成（f）。

MEMO ✚若麵團沾上過多的手粉，殘留的白粉會影響之後烘烤的狀態，因此在烘烤之前，請以毛刷清除多餘的粉末。

試著作作看！ 年 月 日

☆☆☆

a

b

c

d

e

f

蘋果薑味方塊

比胡蘿蔔葡萄乾棒更柔軟，
介於餅乾和蛋糕之間的質感，是屬於軟質的點心。
將薑汁糖漿混入麵團，營造濃郁的香料風味。
蘋果推薦選用具有酸味的紅玉蘋果，以增添口感。

材料（27×30cm的烤盤1片）

奶油（無鹽）　90g
上白糖　150g
蛋　1½顆
A
　低筋麵粉　225g
　泡打粉　1小匙
　肉桂粉　1小匙
蘋果（紅玉）　約1顆
葡萄乾　50g
B
　薑（去皮）　25g
　砂糖　50g
　水　50mℓ

事前準備

◆將材料B煮成薑汁糖漿。先將薑切絲後（a），再和剩下的材料一起放入鍋裡，等糖漿煮成黏稠狀即可（b）。冷卻後，將其中15g的份量切成塊狀備用。
◆將奶油回復至室溫備用。
◆將上白糖過篩後備用。
◆將材料A混合後過篩備用（c）。
◆將約½顆的蘋果帶皮直接磨成泥（d），準備70g。剩下的蘋果則帶皮切片。
◆將葡萄乾切成塊狀。
◆將烘焙紙鋪在烤盤上。
◆將烤箱預熱至180°C備用。

作法

1 將奶油放入調理盆，以打蛋器或電動攪拌器攪拌成鮮奶油狀，再加入過篩的上白糖攪拌至呈現滑順的質感。
2 加入打散的蛋液攪拌，再加入薑汁糖漿、蘋果泥、葡萄乾攪拌（e）。
3 加入材料A，以橡皮刮刀攪拌至沒有粉末的狀態。
4 將麵糊鋪在烤盤上，以橡皮刮刀將表面抹平後（f），再擺蘋果切片。
5 放入烤箱，以180°C烘烤20分鐘至25分鐘。
6 先放在烤盤上冷卻後，移至工作檯上取出餅乾，切成6×4cm的尺寸即完成。。

MEMO ✚多餘的薑汁糖漿可以放在冰箱冷藏兩個星期至三個星期。若將其添加於紅茶中，就會變成薑汁茶。也可以混入餅乾或司康的麵團裡，烘烤後香氣十足，非常美味。

a

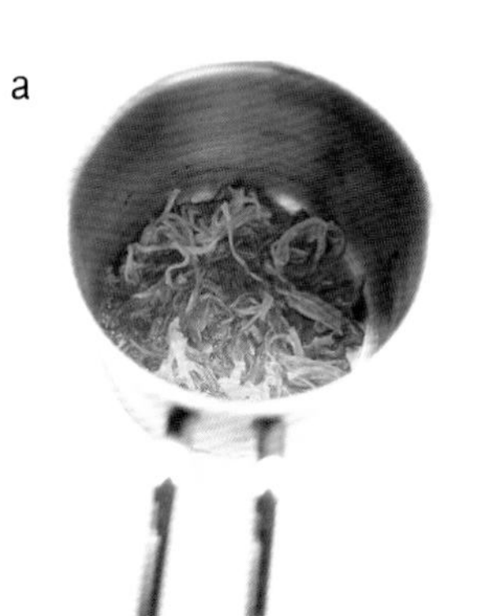

b

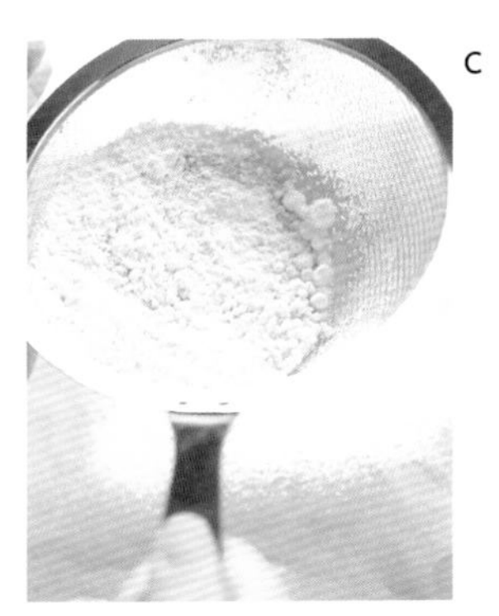

c

d

e

f

學會基本款後，一起來製作進階版的人氣餅乾吧！

試著作作看！　　年　月　日

☆☆☆

巧克力胡桃義式脆餅（Biscotti）

橘子杏仁義式脆餅（Biscotti）

Biscotti是義大利料理餐後會出現的一款硬式餅乾。
托斯卡納的吃法是泡在稱為VIN SANTO的酒中一同食用，
也有和expresso濃縮咖啡一起食用的吃法。
在此，請盡情享受這兩種吃法的不同風味。
由於經過兩道烘烤的工序，不僅能產生酥脆的口感，也能增加保存期限。
若在保存袋中放置乾燥劑，就可以保存一個月至一個半月。

橘子杏仁義式脆餅（Biscotti）

◎材料（約13×25cm共2條）

奶油（無鹽）　60g
砂糖　90g
蛋　2顆
A
　低筋麵粉　180g
　泡打粉　2小匙
杏仁（顆粒）　80g
B
　橘子皮（粗切）　60g
　白蘭地　2大匙

◎事前準備

- ◆將材料B混合後，醃漬一天至一個星期後備用。
- ◆將奶油回復至室溫備用。
- ◆將材料A混合後過篩備用。
- ◆將一顆杏仁切成3等分至4等分。
- ◆將烘焙紙鋪在烤盤上備用。
- ◆在烘烤之前，將烤箱預熱至170℃備用。

◎作法

1 將奶油放入調理盆，以打蛋器或電動攪拌器攪拌成鮮奶油狀，再加入砂糖攪拌至呈現滑順的質感，最後加入打散的蛋液攪拌。
2 加入材料A，以橡皮刮刀攪拌，再加入杏仁、材料B攪拌（a）。
3 將麵團分成2等分，調整成橢圓狀，再以保鮮膜包住（b），放入冷凍庫約1個小時，冷卻至不會有任何沾黏的狀態。
4 將麵團放在烤盤上，沾取手粉（高筋麵粉，份量外），調整成10×20cm的長方形（c）。
5 放入烤箱，以170℃烘烤約15分鐘，烘烤至整體呈現黃褐色。
6 取出麵團，趁熱切成2cm寬，再次排列在烤盤上（d）。
7 將烤箱的溫度降至160℃烘烤10分鐘至15分鐘，上下翻面後再烘烤10分鐘至15分鐘，烘烤至整體呈現乾燥、酥脆的狀態。

試著作作看！　年　月　日
☆☆☆

巧克力胡桃義式脆餅（Biscotti）

◎材料（約13×25cm共2條）

奶油（無鹽）　60g
砂糖　90g
蛋　2顆
A
　低筋麵粉　150g
　可可粉　30g
　泡打粉　2小匙
胡桃　40g
巧克力脆片　70g

◎事前準備

- ◆將奶油回復至室溫備用。
- ◆將材料A混合後過篩備用。
- ◆將1粒胡桃分切成3等分至4等分。
- ◆將烘焙紙鋪在烤盤上備用。
- ◆在烘烤之前，將烤箱預熱至170℃備用。

◎作法

和橘子杏仁義式脆餅（Biscotti）的作法幾乎相同。只要將步驟2中的杏仁和材料B，換成核桃和巧克力碎片，再以橡皮刮刀攪拌即可。

a

b

c

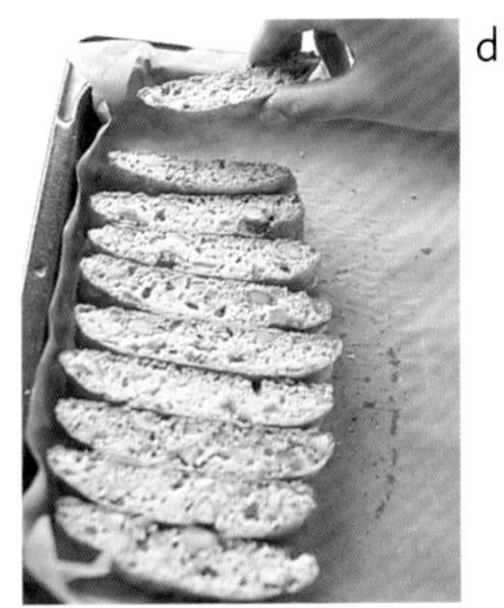
d

杏仁捲

**以餅乾麵團捲上杏仁奶油餡，
一起烘烤而成的餅乾。
在酥脆的口感中，帶有酸甜的杏仁奶油風味。
在店裡，這一款點心也會作成圈狀或聖誕花圈的形狀。**

試著作作看！　　年　月　日

☆☆☆

○材料（約4×5cm共27個）

餅乾生地

- 奶油（無鹽）　100g
- 砂糖　100g
- 蛋　1顆
- 低筋麵粉　220g
- 泡打粉　1½小匙

杏仁奶油餡

- 杏仁粉　50g
- 玉米澱粉　1½大匙
- 砂糖　50g
- 檸檬汁　1大匙
- 蛋白　1顆

蛋液（蛋黃½顆＋水少許）　適量

○事前準備

◆將奶油回復至室溫備用。
◆將低筋麵粉和泡打粉混合後，一起過篩備用。
◆將烘焙紙鋪在烤盤上備用。
◆在烘烤之前，將烤箱預熱至180℃備用。

○作法

1 製作杏仁奶油餡。將杏仁粉、玉米澱粉、砂糖混合後過篩至調理盆中，再加入檸檬汁和蛋白，並以打蛋器充分攪拌。
2 製作餅乾麵團。將奶油放入調理盆，以打蛋器或電動攪拌器攪拌成鮮奶油狀，再加入砂糖攪拌，接著加入打散的蛋液攪拌，最後加入粉類材料以橡皮刮刀攪拌。
3 將麵團揉成團，再分成3等分，並以保鮮膜包起來，放入冰箱冷藏約1個小時。
4 將分成3等分的麵團夾入保鮮膜裡，以擀麵棍分別擀成18×28cm（a），再取下上層的保鮮膜，將邊緣切齊。
5 將其中一邊留下3cm，再將⅓份量的步驟**1**塗滿麵團，從塗上奶油的一邊開始捲繞，放入冰箱冷凍約1個小時，冷卻固化至刀子可以切進去的程度。
6 將麵團切成3cm寬，以毛刷塗上一層薄薄的蛋液，將步驟**4**切下的麵團邊緣作成魚鬆狀鋪在上方，再排列在烤盤上。
7 放入烤箱，以180℃烘烤20分鐘至25分鐘，烘烤至呈黃褐色。

a

起司可頌

試著作作看！　年　月　日

☆☆☆

只需要將麵團作成麵包粉狀，就可以打造具有香酥口感的餅乾。
帕馬森起司的香味經過烘烤後，顯得更加迷人。
製作麵包粉狀時，若使用食物調理機的刀片，
約2分鐘至3分鐘內就能輕鬆地完成。
將麵團切成條狀，當成起司條烘烤也很不錯喔！

材料（小可頌共32個）

奶油（無鹽）　100g

A
- 低筋麵粉　200g
- 泡打粉　2小匙

砂糖　20g

磨碎的帕馬森起司　40g

B
- 蛋　1顆
- 牛奶　50㎖

融化奶油　30g

蛋黃　½顆

事前準備

◆將奶油切成1cm的方塊，放入冰箱冷藏備用。
◆將材料A混合後過篩備用。
◆將材料B混合攪拌備用。
◆將烘焙紙鋪在烤盤上備用。
◆在烘烤之前，將烤箱預熱至180℃備用。

作法

1 將材料A和奶油放入調理盆，以手搓揉成細細的麵包粉狀。再加入砂糖和帕馬森起司攪拌。
2 加入材料B，以橡皮刮刀攪拌成一團。
3 以保鮮膜包起來，放入冰箱冷藏1個小時。
4 將麵團分成4等分，夾入保鮮膜裡，以擀麵棍擀成5mm厚。工作檯上撒撲粉（高筋麵粉・份量外），將其中一面的保鮮膜撕下來靜置一旁，上側的保鮮膜也撕下來，以毛刷塗上融化奶油，再以刀子放射狀地分切成8等分。從比較寬的一邊輕輕地捲成可頌的形狀。
5 剩下的麵團也以相同的方法製作，完成後排列在烤盤上，再以毛刷在表面塗上蛋液。
6 放入烤箱，以180℃烘烤15分鐘至20分鐘。

水果乾堅果餅乾

裡面放入滿滿的堅果和葡萄乾，使人心情愉悅的一款餅乾。
以前在美國遇見這款餅乾時，形狀更大更甜，讓我吃了一驚。
因此在這款餅乾的食譜中，我不但降低了甜度，且設計成方便直接抓取食用的尺寸。
也可以當成沒有分切的蛋糕直接作為禮物，收到的人一定會很喜歡！

材料（約3×5cm共32個）

奶油（無鹽）　110g

A

- 低筋麵粉　240g
- 泡打粉　1½小匙
- 砂糖　50g

蛋　1顆

橘子果醬　100g

核桃・巧克力脆片・Currant Raisin葡萄乾　各60g

事前準備

◆將奶油切成1cm的方塊，放入冰箱冷藏備用。

◆將材料A混合後過篩備用。

◆將核桃切成塊狀，和巧克力碎片、Currant Raisin葡萄乾混合備用。

◆將烘焙紙鋪在烤盤上。

◆在烘烤之前，將烤箱預熱至180℃備用。

作法

1 將材料A和奶油放入調理盆，以手搓揉成細細的麵包粉狀。再加入打散的蛋液攪拌。

2 將麵團揉成團後分成4等分，以保鮮膜包起來，放入冰箱冷藏約1個小時。

3 將麵團夾入保鮮膜裡，分別擀成12×23cm的長方形薄片。

4 將上面的保鮮膜取下，再將其中一邊留下2cm，整體塗上果醬（a）。將核桃等內餡鋪在中心（b），再將塗上果醬的一邊連著保鮮膜一起蓋上（c）。另一邊也以同樣的方法蓋上輕壓，將兩端摺出弧度。剩下的三條也以相同的方法製作。

5 連著保鮮膜翻轉放在烤盤上（d），以叉子在表面戳出孔洞。

6 放入烤箱，以180℃烘烤15分鐘至20分鐘。

7 將麵團先放在烤盤上冷卻，之後在工作檯上取出，切成3cm寬即完成。

MEMO ✚手邊沒有Currant Raisin葡萄乾時，請將一般的葡萄乾切成塊狀使用。

試著作作看！　年　月　日

☆☆☆

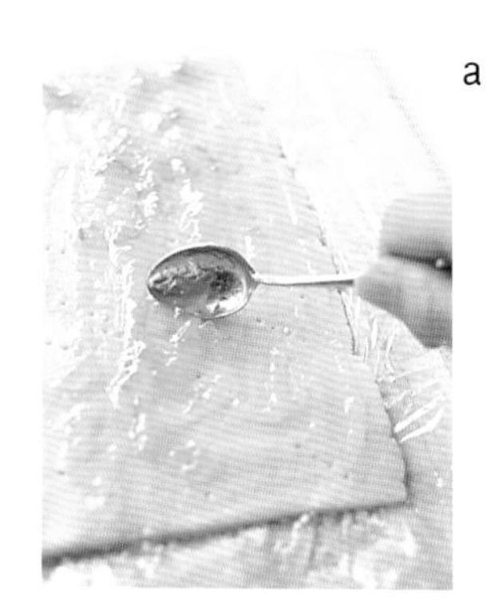

a

b

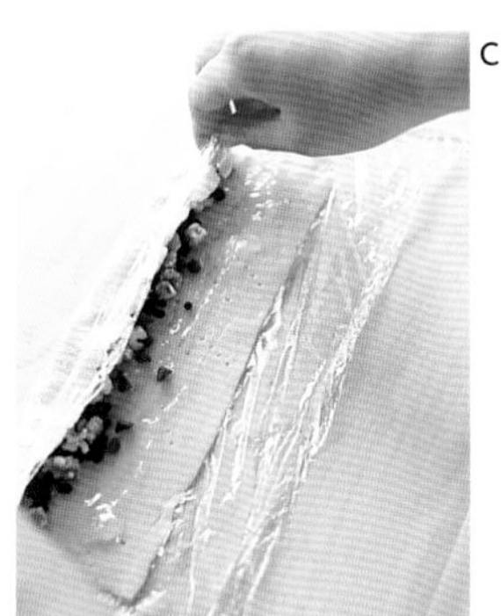

c

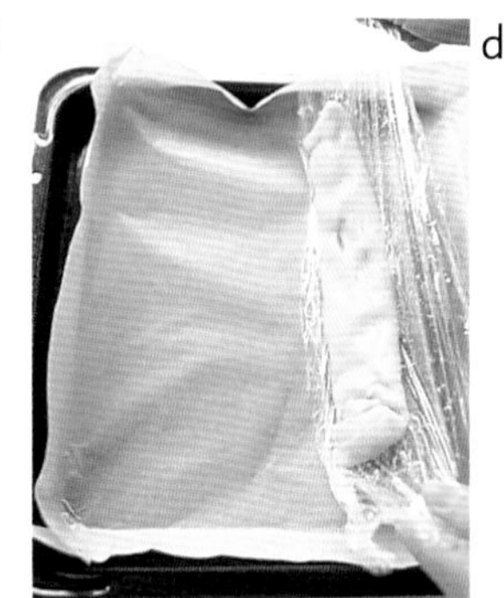

d

若要製作簡單的點心——

非司康&鬆餅莫屬！

如您所知的司康，這是一款英式下午茶常見的點心，沾取奶油或莓果類的果醬是最經典的吃法。在日本販售的司康口感大多較為堅硬，這是因為大量製作的司康通常是以機器揉捏麵團，再從模型中取下。若要呈現司康原本柔軟、蓬鬆的質感，我認為親自動手製作比較能夠達成這個目標。只要將麵團中的麵粉和奶油作成細細的麵包粉狀，就能呈現出溫和的口感。手作的司康，不僅能視情況調整比例，也能提升不少美味度。

至於鬆餅，在日本常和烤蛋糕混為一談。這兩種麵團的材料其實有所差異，鬆餅比起烤蛋糕，甜度更低，烤出來成品也更薄。相對於具有強烈點心印象的烤蛋糕，鬆餅不論何時都能食用，而且也能享受更多食材搭配的樂趣。和水果搭配時，可以作為早餐；若將鬆餅麵團混入蔬菜和起司，還能當成紅酒的下酒菜。以巧思結合樂趣的製作特點，是這款點心最大的魅力。

Scones & Pancakes

葡萄乾司康

司康的基本款。
在我的司康食譜中，
最為自豪的是司康所呈現出的鬆軟度和蓬鬆度。
祕訣在於將麵團揉成一團時，不要過度地揉捏。
若是過度揉捏，會導致口感變硬。
從麵團中取模型時，即使沒有圓形的模具，
利用容器、杯子、海苔罐的蓋子等手邊既有的工具都OK。

材料（直徑約6cm共10個）

A
- 低筋麵粉　280g
- 泡打粉　1大匙
- 鹽　¼小匙
- 砂糖　40g

奶油（無鹽）　60g

B
- 蛋黃　2顆
- 牛奶　100mℓ

葡萄乾　50g
萊姆酒　2大匙

事前準備

◆將葡萄乾浸泡在萊姆酒裡30分鐘以上備用。
◆將奶油切成1cm的方塊，放入冰箱冷藏備用（a）。
◆將材料A混合後過篩至調理盆內備用（b）。
◆將材料B充分混合攪拌備用。
◆將烘焙紙鋪在烤盤上備用。
◆將烤箱預熱至180°C備用。

試著作作看！　　年　月　日

☆☆☆

作法

1 將從冰箱取出的奶油加入材料A的調理盆，以手指搓揉成細細的麵包粉狀（c）。
2 將中間作出凹槽後倒入材料B，從粉的內側一點一點地攪拌。攪拌至沒有粉末之後，加入葡萄乾攪拌（d），再將麵團揉成一團。
3 在工作檯上撒撲粉（高筋麵粉，份量外），以手掌一邊按壓麵團，一邊擀成約3cm厚，撒上少量的撲粉，取出直徑約5cm的圓形圖案（e）。可利用圓形模具，或壓上圓形的容器後，再以刀子切割。
4 將剩下的麵團揉成一團，一樣取出圓形圖案。保持3cm左右的間隔，排列在烤盤上，放入烤箱，以180°C烘烤12分鐘至15分鐘。

a

b

c

d

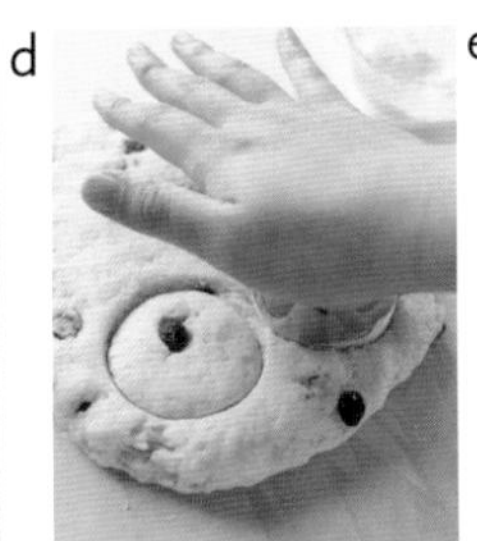
e

南瓜司康

享受南瓜自然甜味的一款司康。
由於澱粉質的含量很高，經過烘烤後不會過度膨脹，
但卻會呈現出濕潤的口感。
請根據南瓜含有的水分，
斟酌牛奶的份量。

◎材料（直徑約6cm共10個）

A
- 強力粉　150g
- 低筋麵粉　80g
- 泡打粉　1½小匙
- 鹽　¼小匙

奶油（無鹽）　50g
南瓜　100g（約⅙個）
牛奶　70ml至100ml
酸奶油　50g
糖粉　3大匙

◎事前準備

◆將奶油切成1cm的方塊，放入冰箱冷藏備用。
◆將南瓜去籽，以保鮮膜包住，再以微波爐加熱約3分鐘，趁熱以湯匙取出瓜肉，並壓成泥。將瓜皮漂亮的部分取50g，切成塊狀。
◆將材料A混合後過篩至調理盆內備用。
◆將烘焙紙鋪在烤盤上。
◆將烤箱預熱至180℃備用。

◎作法

1 將牛奶（根據南瓜的水分含量斟酌份量）、酸奶油、糖粉加入南瓜肉和南瓜皮裡充分攪拌。
2 將從冰箱取出的奶油加入材料A的調理盆，以手指搓揉成細細的麵包粉狀。
3 將步驟1留下2大匙備用，再將步驟2的中央作出凹槽，加入步驟1，從內側一點一點地攪拌，將麵團揉成一團。若麵團難以成團，再將備用份量的步驟1加入攪拌。
4 工作檯上撒撲粉（高筋麵粉・份量外），以手掌一邊按壓麵團一邊擀成約3cm厚。撒上少量的撲粉，以直徑約5cm的圓形模具取出圓形圖案，或先壓上圓形的容器，再以刀子切割。
5 將剩下的麵團揉成一團，以相同的方法取出圓形圖案。保持3cm左右的間隔排列在烤盤上，放入烤箱，以180℃烘烤12分鐘至15分鐘。

MEMO ✚若麵團呈現黏稠的狀態，表示水分過多，烘烤後會無法膨脹，因此攪拌至沒有粉末的黏稠度為佳。必須一邊斟酌水分，一邊加入備用的份量。若還有剩餘的材料，可以烤成鬆餅，或冷凍至下次再使用。

試著作作看！　年　月　日

☆☆☆

起司&黑胡椒司康

適合搭配紅酒或啤酒一起食用，是一款沒有甜度的司康。
由於具有淡淡的鹹度，直接食用也很美味。
若塗上鵝肝醬等醬料更能增添其風味。
黑胡椒的香味很棒，
請使用粗顆粒的款式。
放涼之後，若在食用之前先以烤箱加熱，
更能引出起司的香氣。

○材料（約12個）

A
- 低筋麵粉　250g
- 泡打粉　1大匙
- 鹽　½小匙
- 砂糖　30g

奶油（無鹽）　30g
披薩用起司（細絲）　50g
黑胡椒　¼小匙

B
- 蛋　½個
- 原味優格　75g
- 牛奶　75mℓ

○事前準備

- ◆將奶油切成1cm的方塊，放入冰箱冷藏備用。
- ◆將材料A混合後過篩至調理盆內備用。
- ◆將材料B充分攪拌備用。
- ◆將烘焙紙鋪在烤盤上。
- ◆將烤箱預熱至180℃備用。

試著作作看！　　年　月　日

☆☆☆

○作法

1 將從冰箱取出的奶油加入材料A的調理盆，以手指搓揉成細細的麵包粉狀。再加入起司和黑胡椒一同攪拌。
2 將中央作出凹槽後倒入材料B，從麵粉的內側一點一點地攪拌（a），再將麵團揉成一團。
3 在撒上撲粉（高筋麵粉・份量外）的工作檯上，將麵團分成2等分，以手掌一邊按壓成約3cm厚，一邊擀成直徑約12cm的圓形（b），再以刀子呈放射線分成6等分（c）。剩下的麵團也以相同的方法製作。
4 保持3cm左右的間隔排列在烤盤上（d），放入烤箱，以180℃烘烤12分鐘至15分鐘。

a

b

c

d

洋甘菊茶司康

使用香氣十足的洋甘菊茶製作而成的一款司康。
經過烘烤後，散發出淡淡的香味。
我認為要放入濃度較高的洋甘菊茶，
才能作出剛剛好的香氣。
可依據個人喜好選擇添加的香草茶，
使用茶包即可。

材料（約12個）

A
- 低筋麵粉　250g
- 泡打粉　1大匙
- 鹽　¼小匙
- 砂糖　30g

奶油（無鹽）　30g

B
- 蛋　½顆
- 原味優格　75g
- 牛奶　50mℓ

洋甘菊茶包　1包

事前準備

- 將奶油切成1cm的方塊，放入冰箱冷藏備用。
- 將洋甘菊茶包倒入50ml的熱水，靜置15分鐘左右。只需使用25ml的洋甘菊茶。
- 將材料A混合後過篩至調理盆內備用。
- 將材料B充分攪拌備用。
- 將烘焙紙鋪在烤盤上。
- 將烤箱預熱至180℃備用。

作法

1. 將材料B和洋甘菊茶放入調理盆，充分混合攪拌。
2. 將從冰箱取出的奶油加入材料A的調理盆，以手指搓揉成細細的麵包粉狀。
3. 在中央作出凹槽後倒入步驟1，從麵粉的內側一點一點地攪拌，再將麵團揉成一團。
4. 在撒上撲粉的工作檯上，將麵團分成2等分，以手掌擀成3cm厚、直徑12cm的圓形，再以刀子放射狀地切成6等分（參照P.62的c）。剩下的麵團也以相同的方法製作。
5. 保持3cm左右的間隔，排列在烤盤上（參照P.62的步驟d），放入烤箱，以180℃烘烤12分鐘至15分鐘。

試著作作看！　年　月　日

☆☆☆

草莓焦糖鬆餅

迷人的焦糖風味及新鮮草莓的香氣與鬆餅相互襯托。
使用熱烤盤或樹脂加工的平底鍋製作鬆餅，可以煎出漂亮的金黃色，
但若加入過多的沙拉油，反而會煎出紋路。
有剩餘的焦糖醬，可以放在冰箱保存約兩個星期左右。
添加冰淇淋等配料，能使鬆餅更加美味。

●材料（直徑約12cm約5片）

A
- 低筋麵粉　150g
- 泡打粉　2小匙
- 砂糖　30g

B
- 蛋　1顆
- 牛奶　165mℓ

香草精　2滴至3滴
沙拉油　½小匙

焦糖醬
- 砂糖　50g
- 鮮奶油　60mℓ
- 奶油（無鹽）　50g

草莓　½袋

●事前準備

◆將材料A混合後過篩進至調理盆內備用。
◆將材料B混合攪拌備用（a）。
◆將草莓洗淨，取下蒂頭，切成一半。

●作法

1 將材料B倒進材料A的調理盆，以打蛋器或橡皮刮刀攪拌至沒有粉末的狀態（b），再加入香草精攪拌。
2 以廚房紙巾在170°C至180°C的熱烤盤或以中小火加熱的樹脂加工平底鍋內，塗上一層薄薄的沙拉油。
3 將步驟1的麵糊倒入步驟2中，呈圓形6分滿至7分滿的狀態，攤開則成直徑約12cm的圓形底部。待表面稍微乾燥，整體開始出現孔洞後（c），再翻面煎烤。剩下的麵糊也以相同的方法煎烤。
4 製作焦糖醬。將砂糖放入小鍋中，開中火，一邊搖晃鍋子，一邊煮至呈金黃色焦化狀（d）。
5 熄火，加入鮮奶油（e）。再次開中火，將焦糖溶解成滑順的質感後，再加入奶油攪拌（f）。
6 將步驟3盛在食器上，再加上草莓，淋上步驟5即完成。

MEMO ✚焦糖醬的砂糖溶解時，為了不要讓整體燒焦，需要時不時地搖晃鍋子，但不要攪拌。加入鮮奶油時，焦糖醬會噴濺，請注意！

試著作作看！　年　月　日
☆☆☆

帕馬森起司&鯷魚鬆餅

洋芋&迷迭香鬆餅

兩種鹹味的鬆餅。左邊的鬆餅具有洋芋柔和的風味及香草的香氣；右邊的鬆餅則帶有起司的香味與鯷魚的濃郁感，是一款擁有獨特滋味的鬆餅。

○材料（直徑約12cm約5片）

A
- 低筋麵粉　80g
- 泡打粉　1小匙
- 鹽　1小撮

B
- 蛋　1顆
- 牛奶　110mℓ

馬鈴薯（帶皮）　約120g
迷迭香（新鮮葉子切碎）　¼大匙
（若使用乾燥的迷迭香，則為⅛大匙）
沙拉油　1小匙

○事前準備
- ◆將馬鈴薯連皮以保鮮膜包起來，再以微波爐加熱約3分鐘至軟化。趁熱剝皮，並以叉子壓碎冷卻。
- ◆將材料A混合後過篩至調理盆內備用。
- ◆將材料B混合攪拌備用。

○作法
1. 將材料B、100g的馬鈴薯、迷迭香加入材料A的調理盆攪拌，製作麵糊。
2. 參照P.65，煎烤鬆餅。根據個人喜好，添加以鹽、黑胡椒調味的酸奶油即完成。

○材料（直徑約12cm約5片）

A
- 低筋麵粉　150g
- 泡打粉　2小匙
- 砂糖　1小匙

帕馬森起司（磨碎）　30g

B
- 蛋　1顆
- 牛奶　200mℓ

鯷魚片　1片
沙拉油　1小匙

○事前準備
- ◆將材料A混合後過篩至調理盆內備用。
- ◆將材料B混合攪拌備用。
- ◆將鯷魚切碎備用。

○作法
1. 將材料B、帕馬森起司、鯷魚加入材料A的調理盆攪拌，製作麵糊。
2. 參照P.65，煎烤鬆餅。

試著作作看！　年　月　日

☆☆☆

試著作作看！　年　月　日

☆☆☆

綜合莓果鬆餅

使用冷凍藍莓製作的醬汁，
搭配新鮮的覆盆子果實的一款鬆餅。
若手邊沒有冷凍或新鮮的莓果類時，
將藍莓或覆盆子果醬加入檸檬汁和水一同熬煮，
就可以輕鬆製作莓果醬。

材料（直徑約12cm約5片）

A
- 低筋麵粉　150g
- 泡打粉　2小匙
- 砂糖　30g

B
- 蛋　1顆
- 牛奶　165mℓ

香草精　2滴至3滴
沙拉油　½小匙

莓果醬
- 冷凍藍莓　100g
- 砂糖　45g
- 水　55mℓ
- 玉米澱粉　10g

覆盆子（新鮮）　20粒

事前準備
- 將材料A混合後過篩至調理盆內備用。
- 將材料B攪拌混合備用。

作法
1. 將莓果醬的材料放入小鍋裡，開中火，一邊攪拌一邊熬煮。煮好之後，轉小火，再煮約1分鐘，即可靜置冷卻。
2. 將材料B倒進A料的調理盆攪拌，再加入香草精攪拌，製作麵糊。
3. 參照P.65，煎烤鬆餅。
4. 將步驟1的莓果醬淋在鬆餅上，再撒上覆盆子即完成。

Chocolate cakes

雖然非常喜歡巧克力製作的點心，但製作時總感覺有點難度？關鍵在於如何處理巧克力。這個問題也變成許多人的瓶頸，使得聲稱無法作出巧克力點心的人越來越多。可以試著收集不需要高難度技巧就能溶解巧克力的作法。此外，若能夠保持融化的巧克力溫度，就更不容易失敗。當巧克力的溫度過低時，會導致融化不完全，殘留硬塊；但若是溫度過高，則會產生分離的狀況。雖然看似很難拿捏分寸，但只要試著製作二次至三次，不論是誰都可以逐漸掌握訣竅，不需要太擔心。一定要使用點心專用的巧克力製作，或選用可可粉也很美味。在此介紹的巧克力點心，不論哪一款都是屬於成熟的口味。添加了大量的巧克力和鮮奶油，並降低砂糖的份量，這款食譜的特色為口味豐富中還帶著點苦味。情人節時，心形模具和陶器正好上市，可搭配節慶將甜點作成愛心型，或直接以陶瓷馬克杯烘烤點心，再當成禮物送出，收到禮物的人會很開心喔！

以巧克力製作的點心——

絕對不會失敗！

滿滿堅果的布朗尼

將融化的巧克力加進麵糊，並放入三種堅果的布朗尼，是屬於美式鄉村風格的點心。
比起可可粉而言，味道稍微濃郁一些，是充滿奢華的美味。
兒子去參加橄欖球隊練習時，經常讓他帶去當作獎勵點心。
練習完畢後，聽說大家都爭相搶著吃呢！
美味的祕密，在於將堅果烘烤至乾燥的狀態。
雖然有點麻煩，但多一道工夫，呈現的香氣就截然不同。

材料（27×30cm的烤盤1片）

奶油（無鹽） 150g
砂糖 160g
蜂蜜 50g
蛋 2½顆
點心專用半甜巧克力 180g
A
- 低筋麵粉 220g
- 泡打粉 1小匙

松子・花生・杏仁片 各80g

事前準備

- 將堅果類分別放入烤箱，以120℃烘烤20分鐘至30分鐘，烘烤至乾燥並呈現淡淡的金黃色，接著冷卻備用。
- 將奶油回復至室溫備用。
- 將材料A混合後過篩備用。
- 將巧克力切碎，隔水加熱（a），以手指測試溫度，加熱至約45℃。
- 將烘焙紙鋪在烤盤上備用。
- 將烤箱預熱至170℃備用。

作法

1 將奶油放入調理盆，以打蛋器或電動攪拌器攪拌成鮮奶油狀（b），再加入砂糖和蜂蜜，攪拌至呈現顏色淡化的狀態。
2 將打散的蛋液分2次至3次加入攪拌（c），再加入融化的巧克力攪拌（d）。
3 換成橡皮刮刀，加入過篩的材料A和⅔份量的堅果類材料，大致拌勻（e）。
4 將麵糊倒進烤盤，再將表面抹平，最後將剩下的堅果類材料撒在整體上（f）。
5 放入烤箱，以170℃烘烤20分鐘至25分鐘。
6 先放在烤盤上冷卻，接著在工作檯上取出，切成約5cm的方塊即完成。

MEMO ✚若不想使用烤盤烘烤，可倒入馬芬的杯子模型中，將麵糊倒入模型至8分滿，再放入烤箱，以170℃烘烤20分鐘即可。以陶器的馬克杯直接烘烤，當成禮物也很可愛。

試著作作看！ 年 月 日

☆☆☆

黑糖布朗尼

試著將砂糖換成礦物質豐富的健康黑糖，
可以讓甜點呈現出意想不到的美味。
不只具有蓬鬆柔軟的口感，還帶有醇厚的風味。
對於添加許多堅果的布朗尼而言，是不一樣的好味道。

◎材料（27×30cm的烤盤1片）

奶油（無鹽） 200g
黑糖 180g
蛋 5個
牛奶 50mℓ
A
低筋麵粉 180g
可可粉 90g
泡打粉 1大匙

◎事前準備

- 將奶油回復至室溫備用。
- 將黑糖過篩，剩下的硬塊也以手指壓碎過篩。
- 將牛奶加熱至人體的溫度備用。
- 將材料A混合後過篩備用。
- 將烘焙紙鋪在烤盤上備用。
- 將烤箱預熱至180℃備用。

◎作法

1 將奶油放進調理盆，以打蛋器或電動攪拌器攪拌成鮮奶油狀，再加入黑糖攪拌至呈現顏色淡化的狀態。
2 將打散的蛋液少量地加入，每加入一次就充分攪拌，再加入牛奶攪拌。
3 加入過篩的材料A，以橡皮刮刀大致拌勻。
4 將麵糊倒進烤盤，一邊將表面抹平，一邊將整體攤平。
5 放入烤箱，以180℃烘烤約25分鐘。
6 先放在烤盤上冷卻，接著在工作檯上取出，切成約5cm的方塊即完成。

試著作作看！ 年 月 日

☆☆☆

核桃&巧克力碎片的咕咕洛夫

核桃和巧克力碎片與放入可可亞、杏仁粉的麵糊，非常相配！
從咕咕洛夫的模型取出蛋糕時，相當容易失敗，建議使用內側有塗裝的模型。
在模型上塗抹稍微多一點的融化奶油，我認為也有助於脫模。
若沒有咕咕洛夫的模型，也可以使用磅蛋糕的模型製作。

◎材料（15cm的咕咕洛夫烤模1個）

奶油（無鹽） 90g
三溫糖 70g
蛋 2顆
A
- 低筋麵粉 70g
- 杏仁粉 10g
- 泡打粉 ¼小匙
- 可可粉 15g

核桃 75g
巧克力脆片 25g
糖粉 適量
烤模用融化奶油・高筋麵粉 各適量

◎事前準備

- ◆將奶油回復至室溫備用。
- ◆將三溫糖過篩備用。
- ◆將材料A混合後過篩備用。
- ◆將核桃切塊狀備用。
- ◆將烤模以毛刷塗上融化奶油，撒粉備用。
- ◆將烤箱預熱至180℃備用。

◎作法

1. 將奶油放進調理盆，以打蛋器或電動攪拌器攪拌成鮮奶油狀，再加入三溫糖攪拌至顏色淡化的狀態。
2. 將打散的蛋液分成2次至3次加入，每加入一次即充分攪拌。
3. 加入過篩的材料A，以橡皮刮刀大致拌勻，攪拌至稍微殘留粉末的狀態，再加入核桃和巧克力碎片攪拌。
4. 將麵糊倒入烤模後，放入烤箱，以180℃烘烤35分鐘至40分鐘。
5. 從烤模取出蛋糕，待完全冷卻後，再撒上糖粉即完成。

試著作作看！ 年 月 日

☆☆☆

巧克力蛋糕

除了巧克力、可可亞和鮮奶油之外，還加入大量的蛋黃，屬於風味非常濃郁的蛋糕。
刻意降低蛋糕的甜度，製成稍微帶著苦澀的成熟風味，可根據個人喜好進行調整。加上發泡的鮮奶油也很不錯喔！
不管是烘烤過後熱熱地吃，或冷卻後再食用都很美味，但我特別推薦將冷掉的蛋糕放入微波爐中加熱後再食用。

材料（18cm的圓形烤模1個）

奶油（無鹽）　115g
點心專用甜巧克力　145g
蛋黃　5顆
砂糖　75g
鮮奶油　60㎖

蛋白霜

蛋白　5顆
砂糖　40g

A

低筋麵粉　40g
可可粉　60g

糖粉　適量

事前準備

- 將巧克力切碎備用（a）。
- 將材料A混合後過篩備用。
- 在烤模的底部和側面，鋪上圓形和帶狀的烘焙紙備用。
- 將烤箱預熱至180℃備用。

試著作作看！　年　月　日

☆☆☆

作法

1 將奶油和巧克力放入調理盆，隔水加熱，再以橡皮刮刀一邊攪拌一邊溶解（b）。

2 在另一個調理盆將蛋黃打散，加入砂糖，再以打蛋器或電動攪拌器攪拌，隔水加熱至起泡。加熱至接近人體肌膚的溫度後（c），從熱水中移開，再攪拌至起泡。

3 將步驟1加入步驟2中攪拌（d），再加入鮮奶油，以橡皮刮刀攪拌至整體均勻。

4 製作蛋白霜。將蛋白放入另一個調理盆，以打蛋器或電動攪拌器攪拌至起泡，將砂糖分2次至3次加入，攪拌至7分挺度（e）。

5 將步驟4中一半份量的蛋白霜加入步驟3的調理盆，並以橡皮刮刀大致拌勻（f）。

6 加入一半份量的材料A，大致拌勻。根據⅓份量的蛋白霜、剩下的材料A、剩下的蛋白霜的順序加入（g），請不要過度攪拌，只要攪拌至蛋白霜的紋路消失即可。

7 將麵糊倒入烤模（h）後，放入烤箱，以180℃烘烤35分鐘至40分鐘。試著將竹籤刺入中央，若沒有沾黏麵糊的情況，就可以從烤模取出蛋糕。

8 待完全冷卻後，再撒上糖粉。若是熱熱地食用，吃之前再撒上糖粉即可。

a

b

c

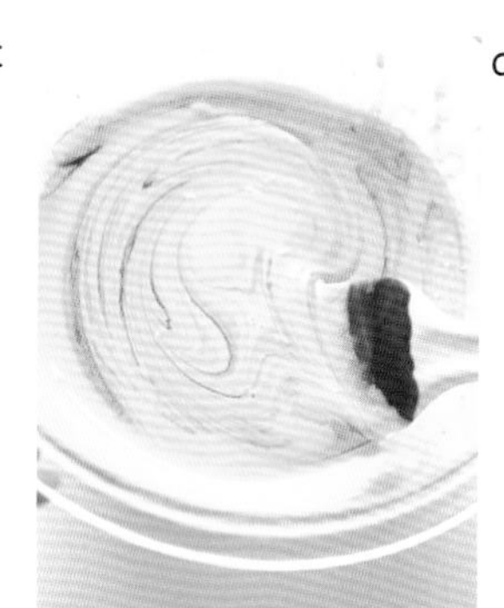
d

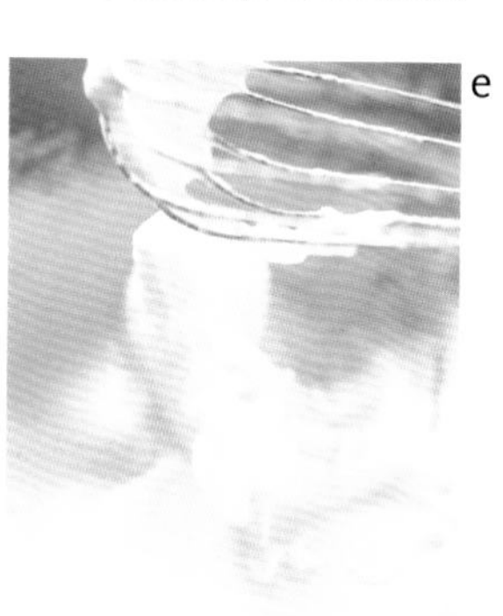
e

f

g

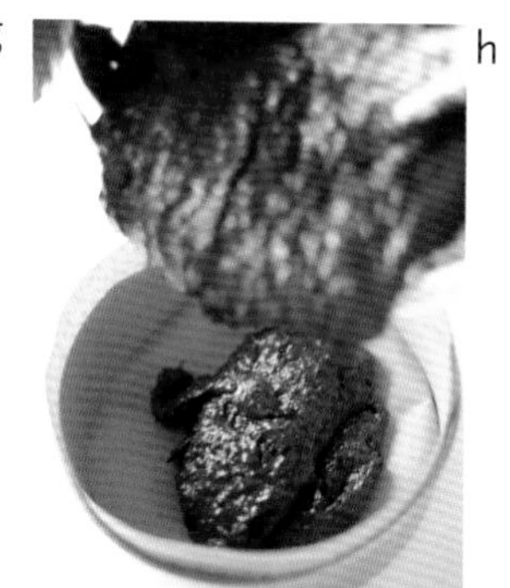
h

水巧克力蛋糕

「要在蛋糕的麵糊裡加入水嗎？」
最初，在烘焙教室教授這款蛋糕時，
學生們曾一起發出驚呼。
以前在美國的書裡找到這款蛋糕的食譜，
最初我也是被「加入水後再烘烤」這樣奇怪的作法吸引。
當麵糊一旦開始膨脹後，就會出現裂紋和凹陷，
而呈現出和舒芙蕾不一樣的獨特口感。
以正統的點心常識而言，這常被視為是失敗的作法，
但思想自由的美國卻反其道而行，特地取用這個經驗。
將甜度厚重的美式食譜轉換成輕盈的甜點食譜，
改造蛋糕大成功！

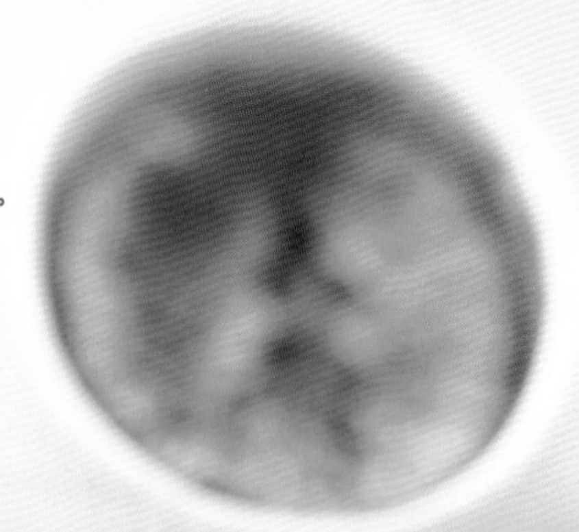

材料（約5×7cm的橢圓烤模 4至5個）
奶油（無鹽）　125g
砂糖　90g
點心專用甜巧克力　90g
熱水　185㎖
A
低筋麵粉　90g
可可粉　15g
泡打粉　2小匙
萊姆酒　1大匙
蛋　1顆
烤模用融化奶油　適量

事前準備
◆將巧克力切碎備用（a）。
◆將材料A混合後過篩備用（b）。
◆將烤模以毛刷塗上融化奶油備用。
◆將烤箱預熱至180℃備用。

試著作作看！　　年　月　日

☆☆☆

作法
1 將奶油放入鍋裡，以小火融化（c），再加入砂糖、巧克力，以橡皮刮刀攪拌融解後離火（d）。
2 加入熱水攪拌（e），降至40℃至45℃。
3 將材料A放入調理盆，加入步驟2和萊姆酒（f），以橡皮刮刀攪拌至麵糊出現滑順的質感。
4 加入打散的蛋液攪拌（g）。
5 倒入烤模（h）後，放入烤箱，以180℃烘烤約25分鐘。當麵糊出現膨脹的情況後，就會隨即產生凹陷，此時即可將蛋糕取出。

MEMO ✚若使用苦味巧克力取代甜味巧克力，可呈現稍微苦澀的成熟甜點風味。

a b c d e f g h

熔岩巧克力蛋糕

第一次在法國吃到稱為moelleux的點心時，非常感動。
乍看之下會認為這只是普通的巧克力蛋糕，
但其實是隱含濃稠巧克力醬的獨特款式。
不出所料，這款蛋糕在日本也大受歡迎。
在烘焙教室教授的版本有先經過改良，
是降低甜度後更為簡單的食譜，初學者也能輕鬆上手。
情人節時，不妨試著給予某個人驚喜吧！
製作的重點在於將冷凍過的麵團以高溫的方式進行短時間烘烤，
烤至外表膨脹，內部卻仍是保留液體的狀態。
若一開始先嘗試烘烤一個看看，
就能以自己的烤箱掌握烘烤的時間。

材料（直徑約5.5cm的布丁烤模8至9個）

奶油（無鹽） 40g
點心專用甜味巧克力 60g
蛋 3顆
砂糖 60g
低筋麵粉 25g
烤模用奶油 適量

事前準備

- 將奶油回復至室溫備用。
- 將巧克力切碎備用。
- 將低筋麵粉過篩後備用。
- 將烤模塗上軟化的奶油備用（a）。
- 將烤箱預熱至230℃備用。

作法

1 將奶油和巧克力放入調理盆，隔水加熱（b）。
2 將打散的蛋液和砂糖放入另一個調理盆，以打蛋器或電動攪拌器一邊攪拌，一邊隔水加熱至人體肌膚的溫度。移開熱水盆，再次攪拌，攪拌至麵糊落下後，會暫時殘留紋路的程度（c）。
3 將步驟1加入步驟2的調理盆，以橡皮刮刀攪拌（d）。
4 加入低筋麵粉（e），大致拌勻。
5 將麵糊倒入烤模（f），放入冷凍庫1個小時以上使其結凍。
6 排列在烤盤上（g）。放入烤箱，以230℃烘烤約6分鐘。等蛋糕中央膨脹後，以手輕碰，產生凹陷（h）或試著以竹籤刺入，稍微有麵糊沾黏的狀態即表示完成。若沒有出現任何沾黏的情況，就是代表烘烤過度，製作失敗。
7 趁熱敲打烤模以取出蛋糕。

MEMO ✚請將烤箱充分預熱。由於是短時間烘烤，若是溫度太低，會導致中間的餡料不夠熱。 ✚將麵糊倒入烤模後，這種狀態可以冷凍保存約兩個星期。

試著作作看！ 年 月 日

☆☆☆

a

b

c

d

e

f

g

h

不需要裝飾即可完成的——

塔類點心

塔類點心非常受到女性的青睞，是相當具有人氣的一款點心。使用當令的水果製作，呈現出季節感，或使用起司搭配出成熟的風味等，豐富的口味變化為其具有人氣的祕密。塔類點心大致可以分成兩種——將麵團烤成塔皮後，填入餡料再次烘烤的款式，及直接放入新鮮餡料不再烘烤的款式。本書介紹的是前者的款式。由於經過烘烤、沒有裝飾的塔類點心可以保存一段時間，很適合當成禮物贈送給朋友。塔皮麵團的食譜相當簡單，只要記住一種就OK。若能熟練的製作這款塔皮，就可以作出本書中所有的塔類點心。對於烘烤塔類點心的內餡而言，最不可或缺的就是杏仁奶油餡，請務必要記住。製作美味塔類點心的訣竅即為放入內餡後，要確實地烘烤，特別是杏仁奶油餡難以受熱，需格外留意。但不管是塔皮麵團或杏仁奶油餡都可以冷凍保存。請根據個人的喜好挑選水果或堅果等食材，試著挑戰製作各種塔類點心吧！

無花果塔

將新鮮的無花果和杏仁奶油餡一起烘烤而成的塔類點心。
由於杏仁奶油餡不容易受熱，請確實地烘烤。
以洋梨、桃子等食材取代無花果，也能作出美味的塔類點心。

基本的塔皮麵團&單烤塔皮

本書介紹的塔類點心，全部都以相同的塔皮麵團製作。若要以容易製作的份量製作塔皮，約能作出兩份，因此請將多餘的麵團冷凍保存。這種製作方法也能使用在迷你塔或餅乾（參照P.93）的製作上。由於單烤塔皮是最基本的製作方法，請一定要記住。單烤塔皮可以直接保存，若放入乾燥劑，更可以保存十天左右。

●材料（容易製作的份量，約355g）

奶油（無鹽）　100g
砂糖　50g
蛋　½顆
低筋麵粉　180g

●事前準備

◆將奶油回復至室溫備用。
◆將低筋麵粉過篩備用。
◆在烘烤之前，將烤箱預熱至180°C備用。

●作法

1 將奶油放入調理盆，以打蛋器等工具攪拌成鮮奶油狀，再加入砂糖攪拌。呈現滑順的質感後，加入打散的蛋液攪拌，再加入低筋麵粉（a），以橡皮刮刀攪拌至沒有粉末的狀態。
2 將麵團揉成一團，以保鮮膜包住，放入冰箱冷藏約30分鐘。
3 將180g份量的麵團夾入保鮮膜，以擀麵棍擀成3mm厚（b）。（剩下的麵團冷凍保存）
4 取下其中一面的保鮮膜，將麵團那一面和塔模對齊，並將邊角確實對齊鋪上（c）。在保鮮膜上轉動擀麵棍，將周圍的麵團切下來（d），取下保鮮膜後，以叉子在整體戳出孔洞。
5 將烘焙紙裁切成比塔模大一點的尺寸，再將側面的部分剪出切口（e）。接著鋪在步驟4上，並放入當成重石的紅豆（參照P.6）至與塔模同高（f）。
6 放入烤箱，以180°C烘烤約20分鐘，烘烤至周圍出現一層淡淡的顏色，最後取下重石即完成。

無花果塔

●材料（直徑18cm的塔模1個）

塔皮麵團（參照左邊標記）　約180g

杏仁奶油餡

- 奶油（無鹽）　75g
- 砂糖　75g
- 蛋　75g（約1½顆）
- 杏仁粉　75g

無花果　2½顆至3顆

●事前準備

◆將奶油回復至室溫備用。
◆將杏仁粉過篩備用。
◆將一個無花果縱切成6等分至8等分。
◆將烤箱預熱至180°C備用。

●作法

1 塔皮麵團參照左邊標記的製作方法。
2 製作杏仁奶油餡。將奶油放入調理盆，以打蛋器或電動攪拌器攪拌成鮮奶油狀，再加入砂糖攪拌。將打散的蛋液分兩次加入攪拌，再加入杏仁粉攪拌（g）。
3 將步驟2的奶油餡攤平鋪在步驟1上，整體再鋪上無花果（h）。
4 放入烤箱，以180°C烘烤40分鐘至45分鐘。烘烤過程中，當表面開始焦化後，蓋上在中央剪出孔洞的鋁箔紙，讓內部均勻受熱（參照P.87的f）。

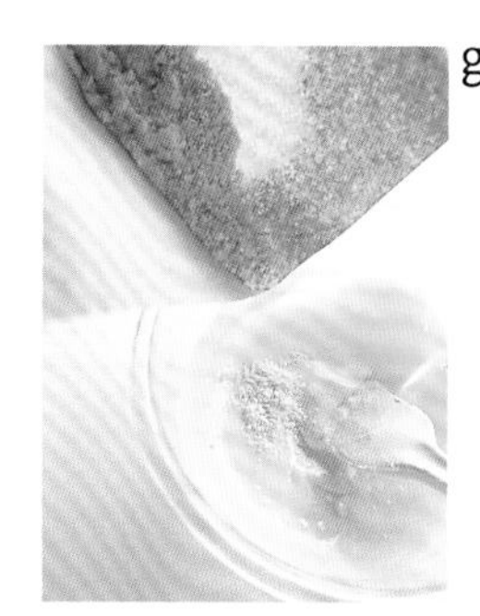
g

h

試著作作看！　年　月　日

☆☆☆

香蕉&椰子烤塔

香蕉和椰子的搭配度絕佳，是具有獨特美味的一款塔類點心。為了不要讓香蕉變色，使用前再切塊即可。若使用的是芭蕉，直接以原始形狀排列也很可愛。

◎材料（直徑18cm的塔模1個）

塔皮麵團（參照P.83）　約180g

椰子風味的杏仁奶油餡

- 奶油（無鹽）　75g
- 砂糖　75g
- 蛋　75g（約1 ½顆）
- 杏仁粉　75g
- 椰子粉（粉末）　30g
- 萊姆酒　1大匙

香蕉　200g至250g（約2根）

糖粉　適量

◎作法

1 塔皮麵團參照P.83製作，烤出塔皮。

2 製作椰子風味的杏仁奶油餡。將奶油放入調理盆，以打蛋器或電動攪拌器攪拌成鮮奶油狀，加入砂糖攪拌，再加入打散的蛋液攪拌。最後加入過篩後的杏仁粉和椰子粉、萊姆酒攪拌。

3 將香蕉切成2cm的圓切片。

4 將步驟**2**鋪在步驟**1**上，再將步驟**3**排列在上方。

5 放入烤箱，以180°C烘烤45分鐘至50分鐘。烘烤過程中，當表面開始焦化後，蓋上中間剪出孔洞的鋁箔紙，讓內部均勻受熱（參照P.87的**f**）。

6 冷卻後，在四周撒上糖粉即完成。

◎事前準備

- ◆將奶油回復至室溫備用。
- ◆將杏仁粉和椰子粉混合後過篩備用。
- ◆將烤箱預熱至180°C備用。

試著作作看！　　年　月　日

☆☆☆

奶油起司塔

對於愛好起司的人而言，這款既滑順又具有濃郁風味的塔類點心令人深深地著迷。
但若過度烘烤，會導致口感乾澀，因此在烘烤過程中要仔細斟酌其狀態。
可根據自己的喜好挑選使用的酒類。

◎材料（直徑15cm的塔模1個）

塔皮麵團（參照P.83）　約150g

內餡

- 蛋黃　35g（1½顆至2顆）
- 砂糖　25g
- 奶油起司　75g
- 鮮奶油　70mℓ
- 牛奶　20mℓ
- 白蘭地　1小匙

◎事前準備

- ◆將奶油起司以微波爐加熱約20秒至30秒，軟化後備用。
- ◆將烤箱預熱至180°C備用。

◎作法

1 塔皮麵團參照P.83製作，烤出塔皮。
2 製作內餡。將蛋黃放入調理盆，再加入砂糖，以打蛋器攪拌至呈現顏色淡化的狀態。
3 將奶油起司放入另一個調理盆，將步驟**2**一點一點地加入，以打蛋器攪拌至沒有塊狀，再加入鮮奶油、牛奶、白蘭地混合攪拌，並倒入步驟**1**中。
4 放入烤箱，以180°C烘烤約30分鐘即完成。

試著作作看！　　年　月　日

☆☆☆

堅果塔

放入六種各式堅果，香氣十足的一款塔類點心。
原先會規規矩矩地排列堅果，但有一次隨意地撒上堅果後，
發現點心反而呈現出一種動態感，自此就成為固定的形式。
由於烘烤的時間較長，導致杏仁奶油餡呈現出餅乾的質感，因此食用時可以享受到酥脆的口感。
杏仁奶油餡裡的奶油和砂糖，請記得不要過度攪拌。
若是過度攪拌內餡，導致顏色淡化、呈現鬆軟狀態，烘烤時就會出現過度膨脹、從烤模溢出來的情形。

材料（直徑18cm的塔模1個）

塔皮麵團（參照P.83）　約180g

杏仁奶油餡

- 奶油（無鹽）　75g
- 砂糖　75g
- 蛋　75g（約1½顆）
- 杏仁粉　75g
- 萊姆酒　1大匙

腰果・杏仁・榛果　各25g

長山核桃　30g

松子　10g

開心果　5g

事前準備

◆將堅果類材料放入烤箱，以120°C烘烤20分鐘至30分鐘，烤至乾燥（a）。榛果請趁熱剝皮，利用手邊的網子或篩網，以刮刀壓轉，就可以將果皮全部剝掉。其他的堅果則靜置冷卻備用。

◆將奶油回復至室溫備用。

◆將杏仁粉過篩備用。

◆將烤箱預熱至180°C備用。

作法

1 塔皮麵團參考P.83製作，烤出塔皮（b）。

2 製作杏仁奶油餡。將奶油放進調理盆，以打蛋器或電動攪拌器攪拌成鮮奶油狀，加入砂糖攪拌，再加入打散的蛋液攪拌。加入過篩後的杏仁粉，以橡皮刮刀攪拌，再加入萊姆酒攪拌（c）。

3 將步驟2倒入步驟1上攤平（d），並排列上堅果（e）。

4 放入烤箱，以180°C烘烤45分鐘至1小時。烘烤過程中，當表面開始焦化後，蓋上中央開洞的鋁箔紙，讓內部均勻受熱（f）。

MEMO ✚由於堅果容易出油，若要長期保存剩下的堅果，請放入冰箱冷藏保存。

試著作作看！　　年　月　日

☆☆☆

英國風約克郡凝乳塔

英國約克地區的傳統點心，也是店裡的經典款點心。
在約克地區這款點心被稱為curd，主要使用凝乳和覆盆子製作，
但在日本則改採容易取得的奶油起司和藍莓製作。
如果你喜歡這款塔，也喜愛飲酒，建議可搭配紅酒一同享用。
將奶油起司以微波爐融化時，請一定要仔細觀察加熱的狀態。

材料（直徑18cm的塔模1個）
塔皮麵團（參照P.83）　約180g
內餡
奶油（無鹽）　50g
奶油起司　125g
砂糖　35g
蛋　1顆
冷凍藍莓　100至120g
藍莓果醬　30g

事前準備
- 將奶油回復至室溫備用。
- 將奶油起司以微波爐加熱約20秒至30秒，軟化後備用（a）。
- 將冷凍藍莓解凍，瀝乾水分後，準備75g（b）。
- 將烤箱預熱至180°C備用。

試著作作看！　年　月　日

☆☆☆

作法
1 塔皮麵團參照P.83製作，烤出塔皮（c）。
2 製作內餡。將奶油和奶油起司放入調理盆，以打蛋器或電動攪拌器充分攪拌至呈現滑順的質感，再加入砂糖（d），充分攪拌至含有空氣、蓬鬆的狀態。
3 將打散的蛋液分2次加入（e），攪拌至呈現滑順的鮮奶油狀。
4 加入藍莓後，以橡皮刮刀大致拌勻。
5 在步驟1的底部塗上藍莓果醬，並倒入步驟4的內餡（f）。
6 放入烤箱，以180°C烘烤約50分鐘。

MEMO ✚使用新鮮的藍莓、新鮮或冷凍的覆盆子、草莓等製作內餡也很美味。

香甜柔軟番薯塔

我認為番薯的風味很適合作為家庭甜點，再加上卡士達奶油餡的濃郁滋味，讓整體更加迷人。
由於番薯需要花費時間烘烤，建議使用前先以烤箱烘烤一段時間。
以200℃烘烤為佳，這時番薯內部約為90℃，最能帶出其甜味。
小祕訣在於製作醬料時稍微殘留一些顆粒，以增添口感。

材料（直徑18cm的塔模1個）
塔皮麵團（參照P.83）　約180g
卡士達奶油餡
- 蛋黃　3顆
- 砂糖　105g
- 低筋麵粉　30g
- 牛奶　350㎖
- 香草精　少許
- 萊姆酒　1½大匙

番薯（約直徑6cm×10cm）　3條
杏仁片　20g

事前準備
- ◆將番薯帶皮以鋁箔紙包起來，放入烤箱，以200℃烘烤40分鐘至1小時，烤至能以竹籤直接穿過的狀態（a）。趁熱剝皮，取450g備用，並以叉子或壓泥器masher壓碎備用（b）。
- ◆將低筋麵粉過篩備用。
- ◆將烤箱預熱至180℃備用。

試著作作看！　年　月　日

☆☆☆

作法
1 塔皮麵團參照P.83製作，烤出塔皮。
2 製作卡士達奶油餡。將蛋黃放入調理盆，以打蛋器攪拌，加入砂糖攪拌至呈現顏色淡化的狀態，再加入過篩的粉類材料攪拌（c）。
3 將牛奶放入鍋裡，加熱至沸騰之前，加進步驟2攪拌（d）。
4 將鍋子放回爐上（e），開強一點的中火，以橡皮刮刀不斷地攪拌，讓火受熱到鍋底出現沸騰的氣泡（f）。
5 移至調理盆，表面鋪上保鮮膜，以冰塊水隔水冷卻（g）。
6 加入香草精、萊姆酒和番薯攪拌。
7 將步驟6放入步驟1中（h），攤開鋪平，再撒上杏仁片。
8 放入烤箱，以180℃烘烤30分鐘至35分鐘。

MEMO ✚在店裡，這款點心還會鋪上煮過的蘋果。作法如下：將兩顆紅玉蘋果，一顆削皮，一顆帶皮，兩顆都切成8等分，取出梗後再放入鍋裡。加入約紅玉蘋果兩倍重量的砂糖，以小火煮至柔軟的狀態。接著在上記的步驟7階段，將蘋果鋪在番薯上，再以相同的方式烘烤。

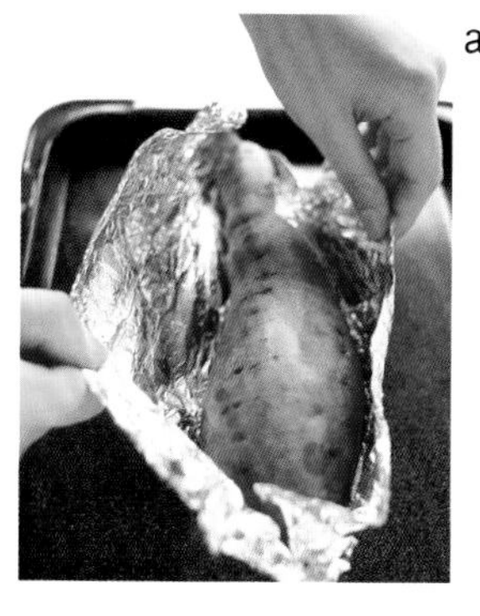
a

b

c

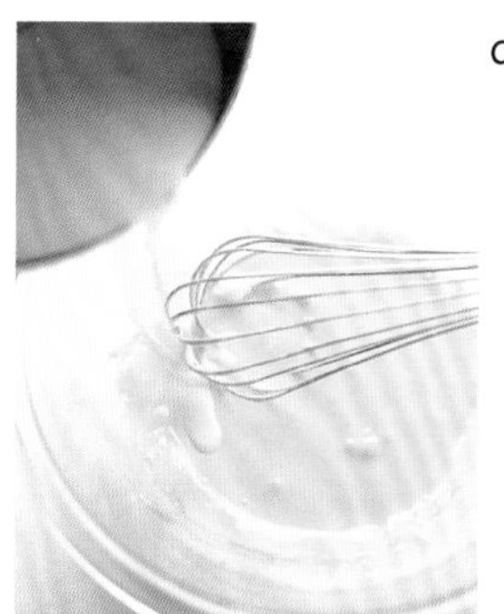
d

e

f

g

h

利用剩餘的塔皮麵團製作迷你塔

蘋果迷你塔

若有剩餘的塔皮麵團，或舖在烤模上多餘的麵團，
都可以用來製作迷你塔。
鋪上杏仁奶油餡和蘋果切片，
只需要烘烤一段時間，
就能完成可以一口食用、酥脆迷人的點心。
除了蘋果之外，
使用洋梨、莓果類、香蕉、櫻桃等食材也OK。

材料（直徑約9cm共3個）

塔皮麵團（參照P.83）　約120g

杏仁奶油餡（參照P.87）　約30g

蘋果（紅玉或紅龍jonagold）　½顆

三溫糖・肉桂粉　各少許

事前準備

- 將蘋果帶皮，切成12片薄片（a）。
- 將烘焙紙鋪在烤盤上。
- 將烤箱預熱至180°C備用。

作法

1 將塔皮麵團夾入保鮮膜，以擀麵棍擀成3mm厚。取下保鮮膜，蓋上直徑約9cm至10cm的圓形容器，再以刀子裁切（b）。

2 排列在烤盤上，以叉子在整體戳出孔洞（c）。

3 將杏仁奶油餡塗在步驟2上（d），再鋪上4片蘋果片，並撒上三溫糖和肉桂粉（e）。

4 放入烤箱，以180°C烘烤12分鐘至15分鐘。

MEMO ✦若有製作迷你塔的可能性，可將製作大型塔類需要的杏仁奶油餡另外準備30g備用（若是這個份量，即使少一點也沒問題）。杏仁奶油餡可以冷凍保存約一個月。

塔皮麵團的冷凍和解凍方法

若要將剩餘的塔皮麵團冷凍，請先擀成1.5cm至2cm的厚度，以保鮮膜包住後，再放入密封袋冷凍，可以保存約一個月。解凍時請先移到冷藏庫，經過半天左右即會解凍。

以剩餘的塔皮麵團製作餅乾

材料（直徑約4cm共10個）

塔皮麵團（參照P.83）　約100g

切碎的巧克力　2小匙

切碎的堅果（核桃、花生、杏仁等個人喜愛的堅果）　15g

作法

1 將材料全部混合攪拌。

2 每10g的麵團揉圓，排列在烤盤上，以手輕輕按壓成5mm厚。

3 放入烤箱，以180°C烘烤12分鐘至15分鐘。

a

b

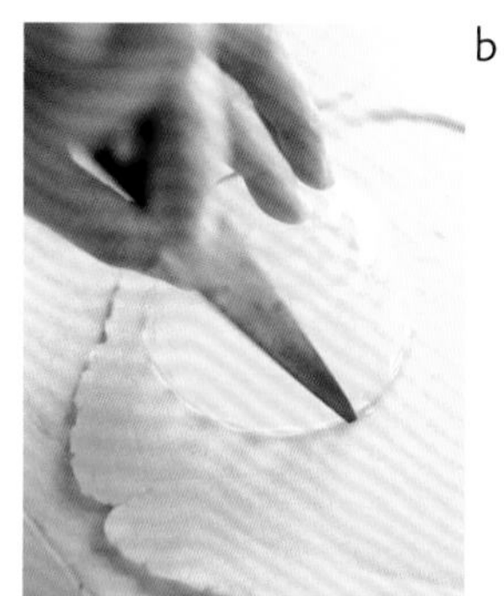

c

d

e

試著作作看！　年　月　日

☆☆☆

我相信不會有任何食物
可以勝過手作的食物。
在家即可輕鬆製作美味又安全的點心，
這種生活態度，不論何時都不會改變。

後記

我雖然身為素人，卻也經營了十九年的蛋糕店。
在這段期間，一路陪伴在身旁的兒子經過九年的修業後，也成了一名甜點師傅。
外子也在六十五歲那年，在石垣島開設了蛋糕店。
本書中所介紹的點心都是店內常備、深受眾人歡迎的熱門款。

對於點心或蛋糕而言，都具有流行性。
就算販賣點心的商家非常有人氣，
時常有人在外排隊等候購買，
卻無法保證可以持續經營。
現今，不僅可以透過網路搜尋流行的甜點，
購買物品也比以往更便利。

即使如此，我還是相信手作的食物勝過其他食物。
如今我的身邊已有孫子相伴，本書中介紹的楓糖砂糖餅乾，
就是我特地為孫子製作的甜點。
等到孫子的年紀再大一些，和他一起製作餅乾，一同享受餅乾的美味，
就是我最大的夢想。

在九十三歲高齡的父親過世之前，我曾作過布丁給他吃。
那時長期臥床且幾乎無法說話的父親，在吃了店裡員工製作的點心後，
居然開口說：「不・甜・喔……」這樣的隻字片語。
我當時慌張地試味道，發現竟然真的忘記放砂糖了。
這個布丁也就因此成為父親腦海中的「悅子的布丁」味道。
經過這件事，我認為人類的味覺非常厲害，也很令人驚訝。
我堅信，在家就能輕鬆地製作既安全又美味的點心，
是不論何時都不會改變的一種生活態度。
希望藉由這本書，可以隨時與各位相伴。
而透過手作的點心連結人與人之間心靈的距離，則是我此生最大的願望。

上田悅子

烘焙良品 65

家用烤箱OK！

手作簡單經典の50款輕食烤點心

作　　者／上田悦子
譯　　者／簡子傑
發 行 人／詹慶和
總 編 輯／蔡麗玲
執行編輯／李佳穎
編　　輯／蔡毓玲・劉蕙寧・黃璟安・陳姿伶・李宛真
封面設計／韓欣恬
美術編輯／陳麗娜・周盈汝
內頁排版／造極
出 版 者／良品文化館
郵政劃撥帳號／18225950
戶　　名／雅書堂文化事業有限公司
地　　址／220新北市板橋區板新路206號3樓
電子信箱／elegant.books@msa.hinet.net
電　　話／(02)8952-4078
傳　　真／(02)8952-4084

2017年7月初版一刷　定價 300元

總 經 銷／朝日文化事業有限公司
進退貨地址／235新北市中和市橋安街15巷1號7樓
電　　話／02-2249-7714
傳　　真／02-2249-8715

國家圖書館出版品預行編目(CIP)資料

家用烤箱OK！手作簡單經典の50款輕食烤點心/
上田悦子著；簡子傑譯.
-- 初版. -- 新北市：良品文化館, 2017.07
面；　公分. -- (烘焙良品；65)
ISBN 978-986-94703-5-3 (平裝)

1.點心食譜

427.16　　106010292

staff

編　　輯／小林弘美、野口芳一（學研プラス）
製　　作／長澤路子
編輯・構成協力／海出正子
A D & 設計／繩田智子 L'espace
攝　　影／木村 拓
造　　型／大畑純子
編輯協助／梅木華咲音

こんがり、焼き菓子

烘焙良品 57
法式浪漫古典糖霜餅乾
作者：桔梗 有香子
定價：350元
19×26 cm · 104頁 · 彩色

烘焙良品 20
自然味の手作甜食
50 道天然食材&愛不釋手的 Natural Sweets
作者：青山有紀
定價：280元
19×26公分 · 96頁 · 全彩

烘焙良品21
好好吃の格子鬆餅
作者：Yukari Nomura
定價：280元
21×26cm · 96頁 · 彩色

烘焙良品22
好想吃一口的
幸福果物甜點
作者：福田淳子
定價：350元
19×26cm · 112頁 · 彩色+單色

烘焙良品23
瘋狂愛上! 有幸福味の
百變司康&比司吉
作者：藤田千秋
定價：280元
19×26 cm · 96頁 · 全彩

烘焙良品 25
Always yummy！
來學當令食材作的人氣甜點
作者：磯谷 仁美
定價：280元
19×26 cm · 104頁 · 全彩

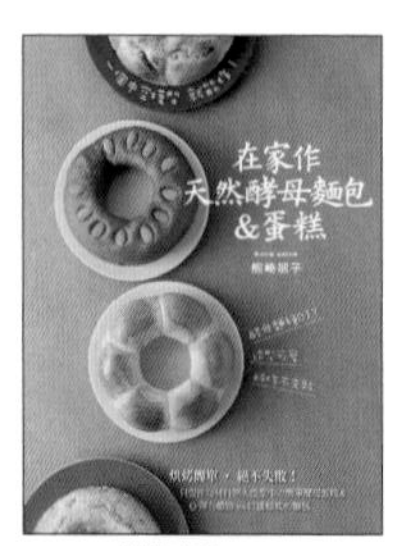

烘焙良品 26
一個中空模型就能作！
在家作天然酵母麵包&蛋糕
作者：熊崎 朋子
定價：280元
19×26cm · 96頁 · 彩色

烘焙良品 27
用好油，在家自己作點心：
天天吃無負擔·簡單做又好吃の
作者：オズボーン未奈子
定價：320元
19×26cm · 96頁 · 彩色

烘焙良品 28
愛上麵包機：按一按，超好作の45款土司美味出爐！
使用生種酵母&速發酵母配方都OK!
作者：桑原奈津子
定價：280元
19×26cm · 96頁 · 彩色

烘焙良品 29
Q軟喔！自己輕鬆「養」玄米酵母 作好吃の30款麵包
養酵母3步驟，新手零失敗！
作者：小西香奈
定價：280元
19×26cm · 96頁 · 彩色

烘焙良品 30
從養水果酵母開始，
一次學會究極版老麵×法式
甜點麵包30款
作者：太田幸子
定價：280元
19×26cm · 88頁 · 彩色

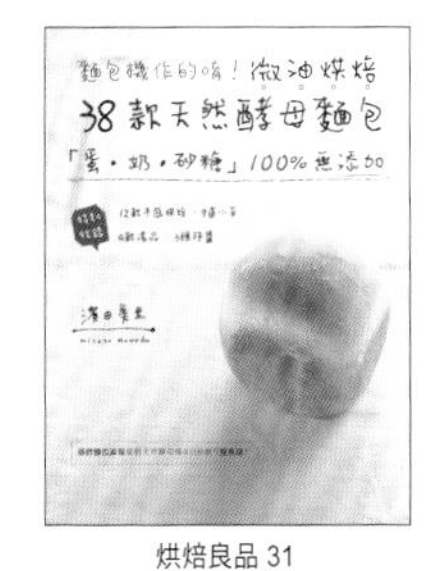

烘焙良品 31
麵包機作的唷！
微油烘焙38款天然酵母麵包
作者：濱田美里
定價：280元
19×26cm · 96頁 · 彩色

烘焙良品 32
在家輕鬆作，
好食味養生甜點&蛋糕
作者：上原まり子
定價：280元
19×26cm · 80頁 · 彩色

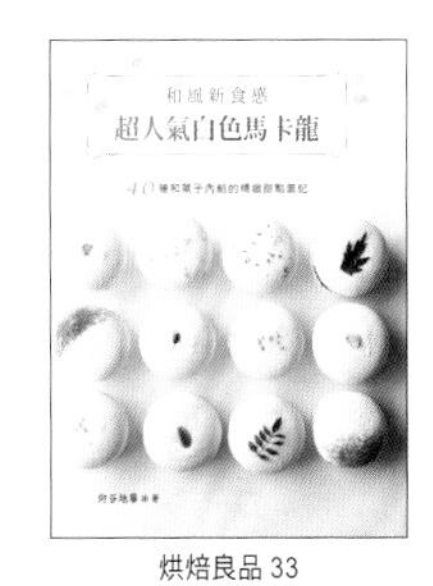

烘焙良品 33
和風新食感・
超人氣白色馬卡龍：
40種和菓子內餡的精緻甜點筆記！
作者：向谷地馨
定價：280元
17×24cm · 80頁 · 彩色

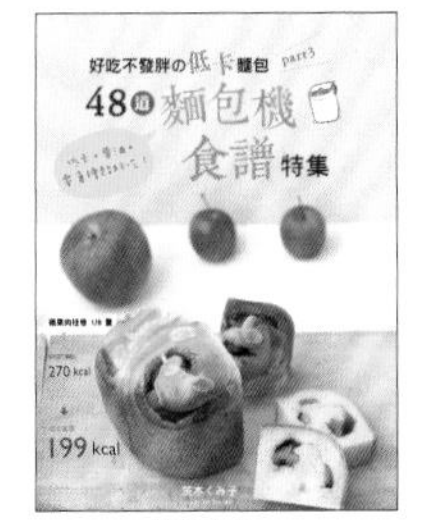

烘焙良品 34
48道麵包機食譜特集！
好吃不發胖的低卡麵包PART.3
作者：茨木くみ子
定價：280元
19×26cm · 80頁 · 彩色

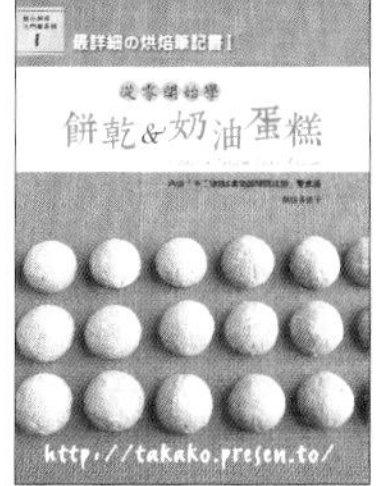

烘焙良品 35
最詳細の烘焙筆記書 I
從零開始學餅乾&奶油麵包
作者：稲田多佳子
定價：350元
19×26cm · 136頁 · 彩色

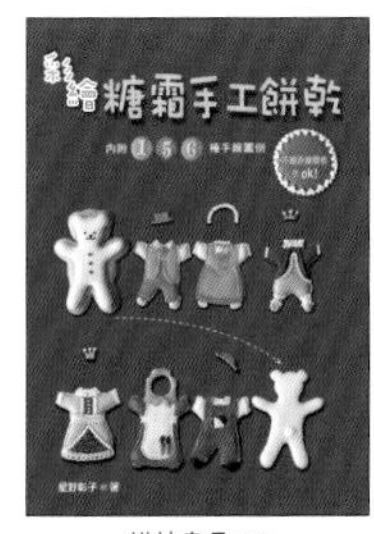

烘焙良品 36
彩繪糖霜手工餅乾
內附156種手繪圖例
作者：星野彰子
定價：280元
17×24cm · 96頁 · 彩色

烘焙良品37
東京人氣名店
VIRONの私房食譜大公開
自家烘焙5星級法國麵包！
作者：牛尾 則明
定價：320元
19×26cm · 96頁 · 彩色

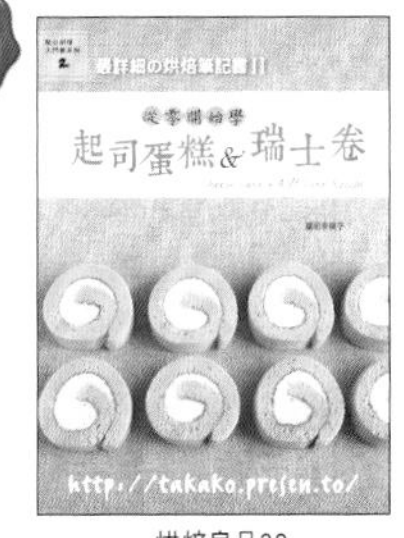

烘焙良品38
最詳細の烘焙筆記書II
從零開始學起司蛋糕&瑞士卷
作者：稲田多佳子
定價：350元
19×26cm · 136頁 · 彩色

烘焙良品39
最詳細の烘焙筆記書III
從零開始學戚風蛋糕&巧克力蛋糕
作者：稲田多佳子
定價：350元
19×26cm · 136頁 · 彩色

烘焙良品40
美式甜心So Sweet！
手作可愛的紐約風杯子蛋糕
作者：Kazumi Lisa Iseki
定價：380元
19×26cm · 136頁 · 彩色

烘焙良品41
法式原味&經典配方：
在家輕鬆作美味的塔
作者：相原一吉
定價：280元
19×26公分 · 96頁 · 彩色

烘焙良品42
法式經典甜點，
貴氣金磚蛋糕：費南雪
作者：菅又亮輔
定價：280元
19×26公分 · 96頁 · 彩色

烘焙良品43
麵包機OK！初學者也能作
黃金比例的天然酵母麵包
作者：濱田美里
定價：280元
19×26公分 · 104頁 · 彩色

烘焙良品 44
食尚名廚の超人氣法式土司
全錄！日本 30 家法國吐司名店
授權：辰巳出版株式会社
定價：320元
19×26 cm · 104頁 · 全彩

烘焙良品 45
磅蛋糕聖經
作者：福田淳子
定價：280元
19×26公分 · 88頁 · 彩色

烘焙良品 46
享瘦甜食！
砂糖OFFの豆渣馬芬蛋糕
作者：粟辻早重
定價：280元
21×20公分 · 72頁 · 彩色

烘焙良品 47
一人喫剛剛好！零失敗の
42款迷你戚風蛋糕
作者：鈴木理惠子
定價：320元
19×26公分 · 136頁 · 彩色

烘焙良品 48
省時不失敗の聰明烘焙法
冷凍麵團作點心
作者：西山朗子
定價：280元
19×26公分 · 96頁 · 彩色

烘焙良品 49
棍子麵包・歐式麵包・山形吐司
揉麵&漂亮成型烘焙書
作者：山下珠緒・倉八冴子
定價：320元
19×26公分 · 120頁 · 彩色

こんがり、焼き菓子